普通高等学校"十四五"规划计算机类专业特色教材

计算机应用基础教程

（Windows 10+Office 2016）

主　编：陈小海　刘利民　甘杜芬

副主编：李新荣　王晓莹　林庆松　黄晓玲　王秀艳　高荧聘

　　　　张仲雯　王小丹　宁滔　谢绍敏　闫立誉　黄静

　　　　张钰　廖燕萍　王智博　张鳃元　易烽

华中科技大学出版社
http://press.hust.edu.cn
中国·武汉

图书在版编目(CIP)数据

计算机应用基础教程:Windows 10＋Office 2016/陈小海,刘利民,甘杜芬主编. —武汉:华中科技大学
出版社,2023.7(2023.8 重印)
ISBN 978-7-5680-9660-7

Ⅰ.①计…　Ⅱ.①陈…　②刘…　③甘…　Ⅲ.①Windows 操作系统-教材　②办公自动化-应用
软件-教材　Ⅳ.①TP316.7　②TP317.1

中国国家版本馆 CIP 数据核字(2023)第 131006 号

计算机应用基础教程(Windows 10＋Office 2016)　　　　　陈小海　　刘利民　　甘杜芬 主编
Jisuanji Yingyong Jichu Jiaocheng(Windows 10＋Office 2016)

策划编辑:汪　粲
责任编辑:余　涛　汪　粲
责任校对:张会军
封面设计:原色设计
责任监印:周治超
出版发行:华中科技大学出版社(中国·武汉)　　　电话:(027)81321913
　　　　　武汉市东湖新技术开发区华工科技园　　　邮编:430223
录　　排:武汉市洪山区佳年华文印部
印　　刷:武汉科源印刷设计有限公司
开　　本:787mm×1092mm　1/16
印　　张:13
字　　数:273 千字
版　　次:2023 年 8 月第 1 版第 2 次印刷
定　　价:46.00 元

本书若有印装质量问题,请向出版社营销中心调换
全国免费服务热线:400-6679-118　竭诚为您服务
版权所有　侵权必究

前言

计算机应用基础是高等学校各专业,尤其是非计算机专业学生必修的课程。近年来,由于计算机技术和网络信息技术的迅猛发展,计算机应用基础课程无论从教学内容、教学手段、教学定位还是考核方式上都走向持续发展的规范化道路。

本书是根据教育部非计算机专业计算机基础课程教学指导分委员会对计算机基础教学的目标与定位、组成与分工、计算机基础教学的基本要求组织编写的。

全书共分 7 个单元。

单元 1 主要介绍 Windows 10 操作系统,包含 Windows 10 操作系统的应用,以及 Windows 10 资源管理器和控制面板应用。

单元 2 主要介绍计算机网络基本操作,包含局域网的基本配置、文件与打印机共享设置与应用,以及常用网络测试工具的应用。

单元 3 主要介绍 Internet 的应用,包含 Edge 浏览器的使用、Internet 信息检索、使用 Outlook 收发电子邮件。

单元 4 主要介绍 Word 文字处理软件应用。

单元 5 主要介绍电子表格软件 Excel,包含工作表的基本操作、数据的图表化、数据管理、Excel 模拟运算应用。

单元 6 主要介绍 PowerPoint 2016 演示文稿软件应用,包含创建和编辑演示文稿,以及使用母版、图形增强演示文稿。

单元 7 主要介绍 Access 数据库,包含数据库的建立和维护、查询和窗体。

本书立足于为社会培养应用型人才,以满足应用型本科院校的教学需求为编写目标。所有编者均为在应用型本科院校多年从事计算机基础教学与实验的教师,他们将在教学实践中积累的技巧和体会融入其中,力求以简洁明了、通俗易懂的语言,精练、实用的实例,直观、易于理解的图片向读者展示计算机基础的相关知识。其中单元 1 由谢绍敏、黄静、张钰老师编写,单元 2 由刘利民、林庆松、易烽老师编写,单元 3 由甘杜芬、闫立誉、王小丹老师编写,单元 4 由李新荣、黄晓玲、王秀艳老师编写,单元 5 由王晓莹、高荧聘老师编写,单元 6 由张仲雯、宁滔、王智博老师编写,单元 7 由陈小海、廖燕萍、张鳃元老师编写,全书由陈小海老师统稿。

由于时间紧迫,作者水平有限,书中难免有错误或不妥之处,恳请读者批评指正。

编　者

2023 年 6 月

目录

单元 1
Windows 10 操作系统

Windows 10 是由微软公司开发的跨平台操作系统，应用于计算机和平板电脑等设备，在易用性和安全性方面有了极大的提升。相较于 Windows 7，Windows 10 会使计算机的日常操作更加简便和快捷，Windows 10 更针对云服务、智能移动设备、自然人机交互等新技术进行融合，还对固态硬盘、生物识别、高分辨屏幕等硬件进行了优化完善与支持。

实验 1　Windows 10 操作系统的应用

实验要求

(1) 熟悉 Windows 10 桌面环境、任务栏和开始菜单。

(2) 掌握 Windows 10 基本窗口、菜单和对话框的操作。

(3) 掌握 Windows 10 显示和个性化设置。

实验内容

(1) 自定义桌面。

(2) 桌面背景设置。

(3) 屏幕保护程序设置。

(4) 屏幕分辨率设置。

(5) 任务栏自动隐藏。

(6) 任务栏设置快速启动。

(7) 自定义开始菜单。

（8）窗口的操作：最大化、最小化、还原、关闭窗口、窗口的移动。

（9）Windows 10 操作系统属性设置和设备管理器操作。

实验步骤

1. 自定义桌面

在桌面空白处右键单击，选择"个性化"，如图 1-1 所示。

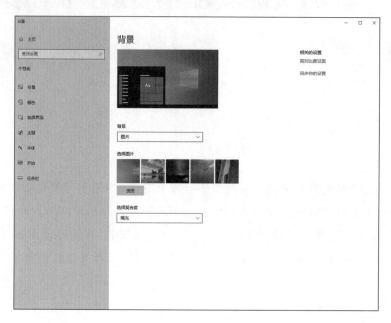

图 1-1 "个性化"窗口

2. 背景设置

在图 1-1 所示的"个性化"窗口里单击左侧"背景"标签，即为"背景"设置窗口，在右侧"背景"下拉列表框中，可以选择图片、纯色和幻灯片放映作为背景使用。当选择使用图片背景时，在"选择图片"下方单击要设置背景的图片，该图片就会作为桌面的背景添加到桌面上，或者点击"浏览"通过路径选择找到要设置背景图片的位置，单击"选择图片"即可完成设置。

3. 屏幕保护程序设置

步骤一：在图 1-1 所示的"个性化"窗口中单击左侧"锁屏界面"标签，出现"锁屏界面"设置窗口，如图 1-2 所示。

在"锁屏界面"窗口单击右侧下方"屏幕保护程序设置"，出现"屏幕保护程序设置"对话框，在"屏幕保护程序"下拉列表框中，选择想要设置的一个屏幕保护程序，当选择"3D 文字"选项，单击后面的"设置"会出现"3D 文字设置"窗口，在窗口里面可以设置文本内容、字体、分辨率、大小、动态效果和表面样式，这样就可以根据自己的爱好设置个性化的屏幕保护程序，当设置了屏幕保护程序后，可以单击后面的"预览"查看效果，如图 1-3 所示。

图 1-2 "锁屏界面"窗口

图 1-3 "屏幕保护程序设置"对话框

步骤二:设置等待时间为 6 分钟,选中"在恢复时显示登录屏幕",这样设置的话就会使,当计算机处于屏幕保护状态下时想进入系统就必须输入用户登录密码(前提是计算机用户必须设置了登录密码)。

步骤三:单击"确定"按钮,新设置的屏幕保护程序生效。

4. 屏幕分辨率设置

在桌面空白处右键单击,单击"显示设置"菜单项,出现"屏幕"设置窗口,在右侧下滑至"显示器分辨率",即可在下拉列表框中选择显示分辨率,例如:选中 2560×1440 的推荐显示分辨率,如图 1-4 所示。

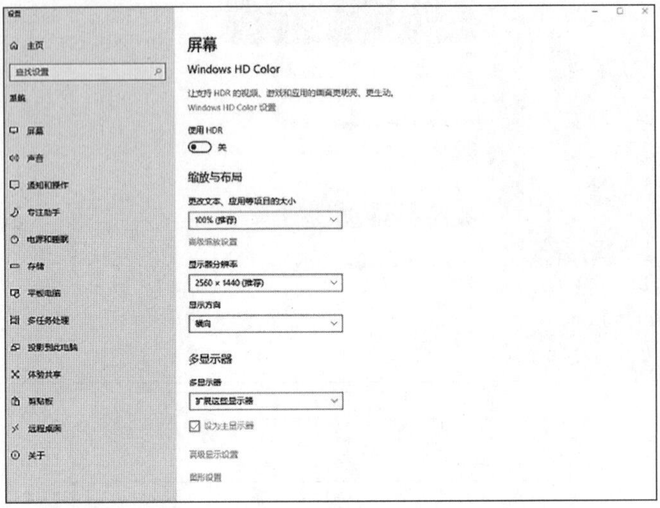

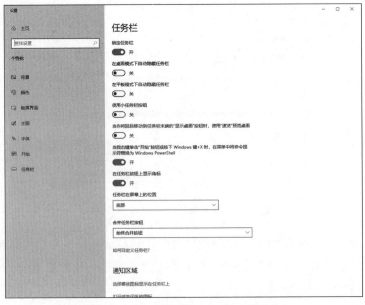

图 1-4 "屏幕"设置窗口

5. 任务栏自动隐藏

步骤一:右键单击任务栏空白处,选择"任务栏设置"菜单项,打开"个性化"设置窗口"任务栏"标签项,在右侧"在桌面模式下自动隐藏任务栏"点击至"开",任务栏即可自动隐藏,如图 1-5 所示。

图 1-5 "个性化"设置窗口"任务栏"标签页

步骤二：任务栏标签页功能选项说明如下。

● 锁定任务栏：在进行日常电脑操作时，常会一不小心将任务栏"拖拽"到屏幕的左侧或右侧，有时还会将任务栏的宽度拉伸且很难调整到原来的状态，为此，Windows 添加了"锁定任务栏"这个选项，可以将任务栏锁定。

● 在桌面模式/平板模式下自动隐藏任务栏：有时我们需要的工作面积较大，隐藏屏幕下方的任务栏，这样可以让桌面显得更大一些。打开"自动隐藏任务栏"即可。以后我们想要打开任务栏，把鼠标移动到屏幕下边即可看到，否则就不会显示任务栏了。

● 使用小任务栏按钮：一个可选开关，方便用户根据自己的需要进行调整。

● 当你将鼠标移动到任务栏末端的"显示桌面"按钮时，使用"速览"预览桌面：如果用户打开了很多 Windows 窗口，可以透过所有窗口查看桌面，或者快速切换到任意打开的窗口。

6. 任务栏设置快速启动

步骤一：任务栏快速启动的功能主要是将常用的应用程序图标锁定在任务栏，我们需要使用时直接单击任务栏图标就可以快速启动应用程序。在开始菜单中找到我们需要快速启动的应用程序图标，右键单击程序图标，单击"更多""固定到任务栏"菜单项，那么需要快速启动的应用程序图标就被锁定到任务栏，如图 1-6 所示。

步骤二：如果需要将任务栏图标解锁，直接右键单击任务栏上需要被解锁的图标，在弹出的对话框中单击"从任务栏取消固定"，那么快速启动的程序图标就从任务栏移除，如图 1-7 所示。

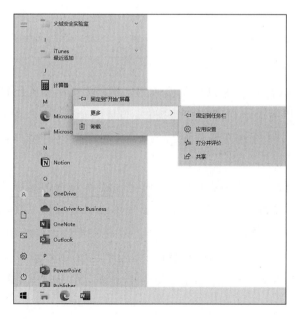

图 1-6　固定到任务栏快速启动设置

图 1-7　"从任务栏取消固定"菜单

7．设置开始菜单

步骤一：右键单击桌面空白处，然后单击"个性化"，弹出"设置"窗口，在左侧单击"开始"标签页，如图 1-8 所示。

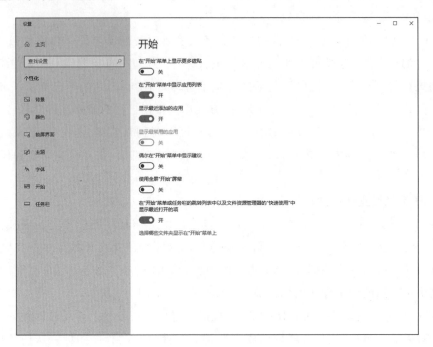

图 1-8 开始菜单设置窗口

步骤二：在设置开始菜单的选项列表中进行相应设置。

8．窗口的操作：最大化、最小化、还原、关闭窗口、窗口的移动

步骤一：左键双击"计算机"图标，弹出"计算机"窗口，如图 1-9 所示。

步骤二：单击右上角的三个按钮从左到右可以分别实现最小化、最大化和关闭窗口。当最小化到任务栏时，单击任务栏的最小化图标还原窗口；当最大化时，单击右上角中间的按钮还原窗口。单击左上角，可以打开操作窗口的菜单，同样可以对窗口进行操作。

步骤三：窗口的移动，在非最大化窗口模式下，鼠标单击窗口标题栏并按住鼠标不放。移动窗口到相应的位置，松开鼠标左键。Windows 10 在窗口移动时还提供了新功能，就是将当前窗口移动到屏幕左侧、右侧，则会自动铺满左半边或者右半边，移动到顶部还会自动最大化，从顶部拉下来则会还原。用键盘快捷键操作起来也很简单，分别对应的是"Win＋左、右、上、下"箭头，同时 Windows 10 还提供了窗口预览，用"Win＋Tab"组合键看看，如图 1-10 所示。

9．Windows 10 操作系统属性设置和设备管理器操作

步骤一：右键单击"此电脑"，单击"属性"菜单项，弹出系统属性的"系统"窗口，在窗

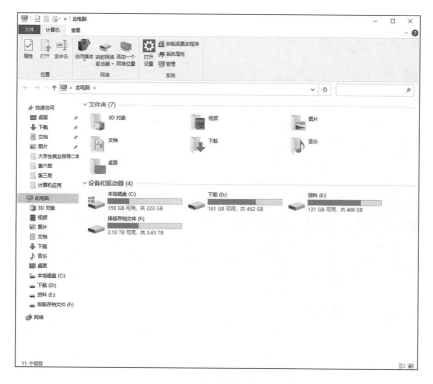

图 1-9 "计算机"窗口

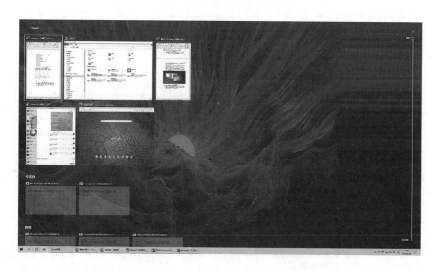

图 1-10 Windows 10 窗口切换界面

口信息中可以查看到 Windows 版本,计算机主要硬件配置情况,以及计算机名称、域和工作组设置等信息,如图 1-11 所示。

步骤二:如果想要重新命名计算机,可以单击"重命名这台电脑"标签,进行设置。

步骤三:右键单击"开始"菜单栏,选择"设备管理器",会弹出"设备管理器"对话框,

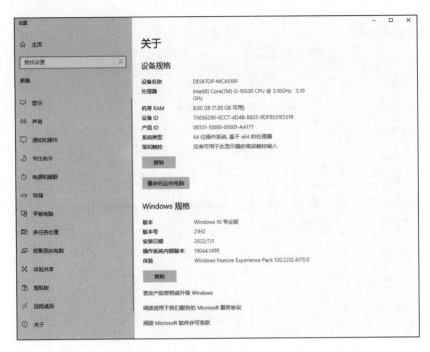

图 1-11　"系统"窗口

在"设备管理器"对话框中可以查看计算机所有硬件的配置参数和为每个设备设置属性，如图 1-12 所示。

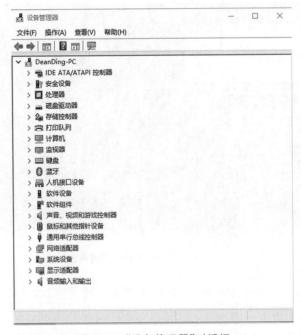

图 1-12　"设备管理器"对话框

实验 2　Windows 10 资源管理器和控制面板应用

实验要求

（1）掌握资源管理器的使用方法。

（2）熟悉任务管理器。

（3）掌握文件的操作方法。

（4）熟悉控制面板，掌握用户的管理。

（5）掌握应用软件的安装与卸载。

实验内容

（1）打开任务管理器、终止应用程序、结束进程。

（2）创建文件夹、创建文件、复制文件、移动文件、删除文件及回收站操作。

（3）文件和文件夹的搜索。

（4）创建一个新用户并设置登录密码。

（5）程序的安装与卸载。

实验步骤

1. 打开任务管理器、终止应用程序、结束进程

步骤一：打开任务管理器的方法。右键单击任务栏空白处，选择"启动任务管理器"，系统会弹出 Windows 任务管理器对话框，如图 1-13 所示。

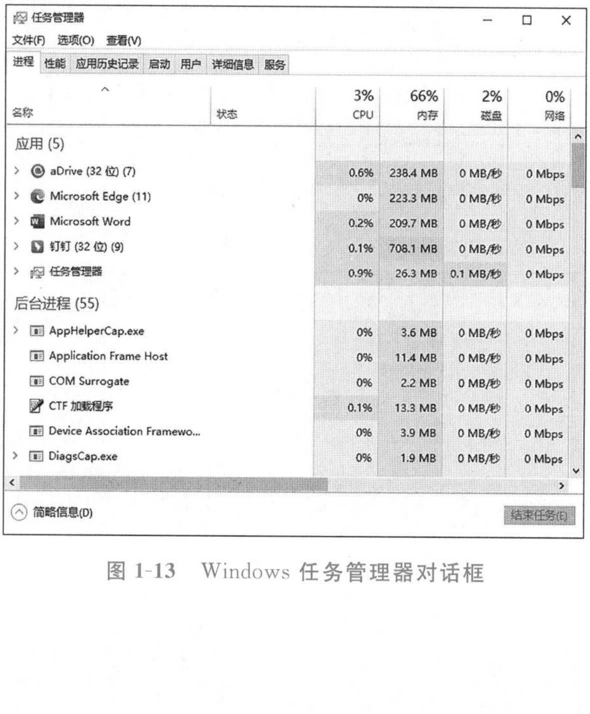

图 1-13　Windows 任务管理器对话框

步骤二:快捷键打开任务管理器的操作如下。同时按下 Ctrl+Shift+Esc 三个键,或者同时按住 Ctrl+Shift+Del 会弹出 Windows 10 的登录选择界面,单击"启动任务管理器"也会弹出 Windows"任务管理器"对话框。

步骤三:终止应用程序和进程的操作方法。在"任务管理器"对话框中,单击"进程"选项卡,如图 1-14 所示。在"任务"列表中选择要终止的应用程序或进程,单击"结束任务"按钮,系统将直接终止对应的应用程序或进程。

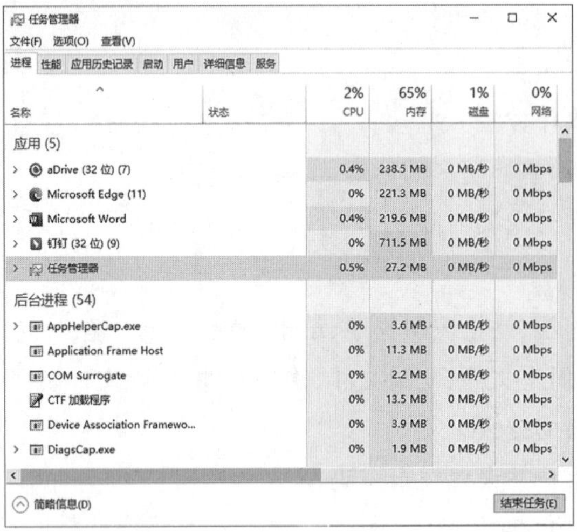

图 1-14　任务管理器-进程

2. 创建文件夹、创建文件、复制文件、移动文件、删除文件及回收站操作

创建文件夹的步骤如下。

步骤一:右键单击"开始"菜单,选择打开"文件资源管理器",如图 1-15 和图 1-16 所示。

图 1-15　"开始"菜单

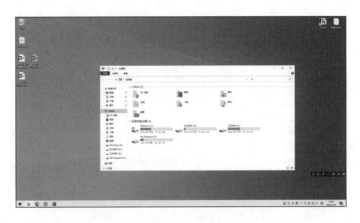

图 1-16　"文件资源管理器"窗口

步骤二：在左侧的文件浏览区中，单击"计算机"根目录下的"本地磁盘(C：)"。

步骤三：在右侧的文件浏览区的空白处右键单击，在弹出的快捷菜单上选择"新建"，然后选择"文件夹"。

步骤四：在右侧的文件浏览区中，出现一个名为"新建文件夹"的新文件夹，输入"计算机基础实验"。

步骤五：双击"计算机基础实验"文件夹，重复步骤三和步骤四，建立"Windows 10 实验""Word 2016 实验""Excel 2016 实验""PowerPoint 2016 实验""计算机网络实验"5 个文件夹，如图 1-17 所示。

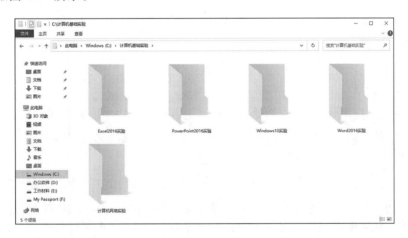

图 1-17　创建文件夹窗口

创建文件的操作步骤如下。

步骤一：在"资源管理器"左侧的文件夹浏览区中，单击"本地磁盘(C：)"。

步骤二：在右侧的文件浏览区的空白处右键单击，在弹出的快捷菜单上选择"新建"菜单项，在下一级菜单中选择"Microsoft Word 文档"菜单项，如图 1-18 所示。

图 1-18　"新建文件与文件夹"菜单

　　步骤三：在右侧的文件浏览区中，出现一个名为"新建 Microsoft Word 文档"的 Word 文档，将文件名称改成"Word 2016 实验"。

　　步骤四：重复步骤二和步骤三，新建"Windows 10 实验""计算机网络实验"两个 Word 文档，一个"Excel 2016 实验"工作簿，一个"PowerPoint 2016 实验"演示文稿。

　　复制文件的操作步骤如下。

　　步骤一：在"资源管理器"左侧的文件夹浏览区中，单击"本地磁盘(C:)"。

　　步骤二：在右侧的文件浏览区中，右键单击要复制的文件名为"Word 2016 实验"的 Word 文档。在弹出的快捷菜单中选择"复制"。

　　步骤三：在左侧的文件浏览区中，依次单击"本地磁盘(C:)""计算机基础实验"文件夹和"Word 2016 实验"文件夹。在右侧的文件浏览区中，右键单击选择"粘贴"。

　　步骤四：重复步骤二和步骤三，分别将一个"Excel 2016 实验"工作簿和一个"PowerPoint 2016 实验"演示文稿复制到相对应名称的文件夹中。

　　移动文件的操作步骤如下。

　　步骤一：在"资源管理器"左侧的文件夹浏览区中，单击"本地磁盘(C:)"。

　　步骤二：在右侧的文件浏览区中，右键单击要移动的文件名为"Windows 10 实验"的 Word 文档。在弹出的快捷菜单中选择"剪切"。

　　步骤三：在左侧的文件浏览区中，依次单击"本地磁盘(C:)""计算机基础实验"文件夹和"Windows 10 实验"文件夹。在右侧的文件浏览区中，右键单击选择"粘贴"。

　　步骤四：重复步骤二和步骤三，把"计算机基础实验"Word 文档移动到"计算机基础实验"文件夹中。

　　删除文件和回收站的操作步骤如下。

　　步骤一：在"资源管理器"中找到要删除的文件或者文件夹。

　　例如，我们想删除"Windows 10 实验"的 Word 文档，选中文件后按键盘的 Delete 键，或者直接右键单击要删除的文件，在弹出的快捷菜单中选择"删除"，然后单击"是"按钮，如图 1-19 所示。

图 1-19　"删除文件"对话框

步骤二：双击桌面上的"回收站"图标，发现刚删除的文件就在其中，如图 1-20 所示。

图 1-20　"回收站"窗口

步骤三：选中刚删除的文件，右键单击选择"还原"菜单项，发现刚删除的文件重新恢复。

步骤四：重复步骤二和步骤三，再次删除"Windows 10 实验"文件。右键单击"回收站"，单击"清空回收站"菜单项，或者左键双击"回收站"再单击回收站窗口菜单栏中的"清空回收站"按钮，就会彻底删除文件。

3. 文件和文件夹的搜索

步骤一：当我们只知道文件的部分信息，却又希望能够快速地找到该文件，这时可以使用 Windows 10 提供的查找功能。

步骤二：例如，我们想找到 C:\Windows 文件夹下所有的扩展名为 .exe 的文件。先打开"资源管理器"，在左侧选择 Windows 文件夹目录，在窗口右上角的快速搜索输入框中输入要查找的文件名"＊.exe"，那么该文件夹里面所有扩展名为 .exe 的文件会全部罗列在列表中，如图 1-21 所示。

图 1-21　"Windows"中搜索结果窗口

4. 创建一个新用户并设置登录密码

步骤一：单击"开始"菜单，选择"Windows 系统"菜单项，在子菜单中单击"控制面板"，在右上侧选择查看方式为"类别"，如图 1-22 所示。

图 1-22　"控制面板"窗口

步骤二：在"控制面板"窗口中，找到"用户账户"选项，单击下方更改账户类型选项，在弹出的窗口中单击"在电脑设置中添加新用户"功能，如图 1-23 所示。

步骤三：在图 1-24 所示的"其他用户"窗口中，单击"将其他人添加到这台电脑"。在新弹出的窗口中，依次单击"用户""更多操作""新用户"，根据提示输入密码。单击"创建"。

图 1-23 "在电脑设置中添加新用户"功能窗口

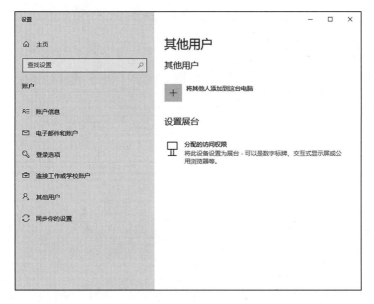

图 1-24 "其他用户"窗口

步骤四：设置成功后，使用快捷键"win+L"，进入锁屏状态会发现新增加的本地用户账号，输入预设置的密码，登录新账号。

5. 程序的安装与卸载

步骤一：安装一个应用程序一般只需要双击应用程序的可执行文件（扩展名为.EXE），根据安装提示步骤进行选择安装就可以完成。安装完成后在桌面一般都有启动的快捷方式图标，另外在"开始"菜单的"所有程序"里面也有安装应用程序的启动选项。

步骤二：如果要卸载安装的应用程序，可以进入"控制面板"，在"控制面板"窗口中选择"程序"进入功能窗口，再选择卸载程序。或者直接在控制面板界面单击卸载程序功能,直接进入"卸载或更改程序"功能界面,如图 1-25 所示。

图 1-25　"程序和功能"窗口

　　步骤三:在程序卸载窗口,选中要卸载的软件,单击菜单栏的"卸载"或者右键单击要卸载的程序选择"卸载/更改",根据程序卸载提示,按照提示步骤进行操作就可以完成程序的卸载。

单元 2
计算机网络基本操作

计算机网络的应用已经深入到人类社会活动的各个层面,在一定意义上,网络技术的普及和应用水平,代表了一个地区或团体乃至一个国家的现代化科技应用水平,计算机网络技术使人们生活发生了巨大的变化,信息交流速度加快,极大推动了生产力的发展。如何正确使用计算机网络,从网络中获得有益的资源,是每一个计算机网络使用者应该掌握的基本技能。

实验 1　局域网的基本配置

实验要求

本实验将完成一台个人计算机在局域网中的接入配置。在实验过程中,期望读者掌握以下操作技能:

(1) 查看和管理计算机网络组件。

(2) 查看和配置 TCP/IP 信息。

(3) 设置和使用共享资源。

注:在计算机网络配置前,需要将网线插入网络适配器(网卡)的接口。

实验内容

(1) 打开本地连接对话框。

(2) 查看本地连接使用的项目(组件)类型和名称。

(3) 打开"Internet 协议版本 4(TCP/IPv4)属性"对话框。

(4) 设置计算机的 IP 地址、子网掩码、网关地址和域名服务器地址。

实验步骤

1. 打开本地连接对话框

步骤一：依次单击"开始"→"Windows 系统"→"控制面板"按钮，打开"控制面板"窗口，如图 2-1 所示。

图 2-1　"控制面板"窗口

步骤二：单击"网络和 Internet"打开"网络和 Internet"窗口，如图 2-2 所示。

图 2-2　"网络和 Internet"窗口

步骤三：在"网络和 Internet"窗口中单击"网络和共享中心"打开"网络和共享中心"窗口，如图 2-3 所示。

图 2-3　"网络和共享中心"窗口

步骤四：在"网络和共享中心"窗口中单击"以太网"，打开以太网状态对话框，单击"属性"按钮，打开本地连接属性对话框，如图 2-4 所示。

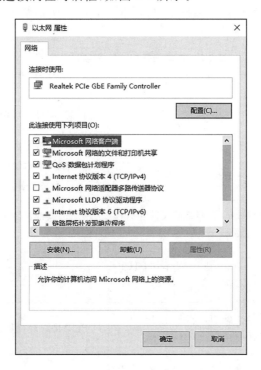

图 2-4　本地连接属性对话框

2. 查看本地连接使用的项目（组件）类型和名称

步骤一：在本地连接属性对话框中单击"安装"按钮，打开"选择网络功能类型"对话框，如图 2-5 所示。可以查看到本地连接中使用的项目类型，包括客户端、服务和协议等

图 2-5　"选择网络功能类型"对话框

三种类型。

　　提示：在此对话框中可以添加各类型的项目。

　　步骤二：在本地连接属性对话框中，可以查看到此连接中使用的项目（组件）名称，如表 2-1 所示。

表 2-1　本地连接中的使用项目及说明

图标	类型	项目名称	说明
	客户端	Microsoft 网络客户端	允许用户的计算机访问"Microsoft 网络"上的资源
	服务	Qos 数据包计划程序	当一种类型的流量或应用程序设法穿越网络连接时，用来赋予其优先性的各种技术
	服务	Microsoft 网络的文件和打印机共享	为网络上其他计算机提供文件和打印机共享服务
	协议	Internet 协议版本 6（TCP/IPv6）	TCP/IP 协议簇（版本 6）
	协议	Internet 协议版本 4（TCP/IPv4）	TCP/IP 协议簇（版本 4）
	协议	链路层拓扑发现映射器 I/O 驱动程序	能更快找到网络中的主机地址，提高网络访问速度
	协议	链路层拓扑发现响应程序	

3. 打开"Internet 协议版本 4(TCP/IPv4)属性"对话框

步骤一：在"以太网属性"对话框中选中"Internet 协议版本 4(TCP/IPv4)"。

步骤二：单击"属性"按钮，打开"Internet 协议版本 4(TCP/IPv4)属性"对话框，如图 2-6 所示。

图 2-6　"Internet 协议版本 4(TCP/IPv4)属性"对话框

4. 设置计算机的 IP 地址、子网掩码、网关地址和域名服务器地址

步骤一：在"Internet 协议版本 4(TCP/IPv4)属性"对话框中选中"使用下面的 IP 地址"。

步骤二：在"IP 地址""子网掩码""默认网关"文本框中输入相应的内容。

步骤三：在"首选 DNS 服务器""备用 DNS 服务器"文本框中输入相应的 IP 地址，单击"确定"按钮。

操作技巧

在任务栏的通知区域中，鼠标单击"网络"图标，选择打开"网络和 Internet"设置，再选择"网络和共享中心"可方便打开"网络和共享中心"窗口，分别如图 2-7、图 2-8 和图 2-9 所示。

图 2-7　鼠标左键单击网络图标　　　　图 2-8　鼠标右键单击网络图标

图 2-9　网络状态界面

　　此外,在桌面上右键单击"网络"图标,选择"属性"也可方便打开"网络和共享中心"窗口,如图 2-10 所示。

图 2-10　通过"网络"图标打开"属性"功能

实验2 文件与打印机共享设置与应用

实验要求

本实验将完成一台个人计算机在局域网中的接入配置。在实验过程中,期望读者掌握以下操作技能:

(1)启用文件和打印机共享。

(2)设置文件和打印机共享。

(3)访问网络文件与打印机等资源。

实验内容

(1)设置"启用网络发现""启用文件和打印机共享"。

(2)在C盘下创建文件夹,并将该文件夹设置为共享文件夹。

(3)安装、设置打印机共享。

(4)打开"网络"窗口,访问网络文件与打印机等资源。

实验步骤

1. 设置"启用网络发现""启用文件和打印机共享"

步骤一:打开"网络和共享中心"窗口,如图 2-11 所示。在左侧打开"更改高级共享设置"对话框,在"高级共享设置"窗口中单击"家庭或工作"后的向下展开按钮,如图 2-12 所示。

图 2-11 "网络和共享中心"窗口

步骤二:分别选中"启用网络发现"和"启用文件和打印机共享"单选按钮。

步骤三:单击"保存更改"按钮。

计算机应用基础教程 (Windows 10+Office 2016) > > > > >

图 2-12　"高级共享设置"窗口

2. 设置文件共享

步骤一：双击桌面"此电脑"图标，打开"计算机"窗口。

步骤二：双击"Windows(C:)"图标，打开"Windows(C:)"窗口。

步骤三：单击"新建文件夹"按钮，并命名文件夹为"我的文件夹"，在文件夹中创建（复制）几个文件。

步骤四：在"Windows(C:)"窗口里选中"我的文件夹"，如图 2-13 所示，单击窗口上的"共享"下拉按钮，单击其中共享功能的用户组，在网络访问页面给相应共享用户设置相应的权限。设置完毕后，点击"共享"按钮，完成共享设置，如图 2-14 所示。

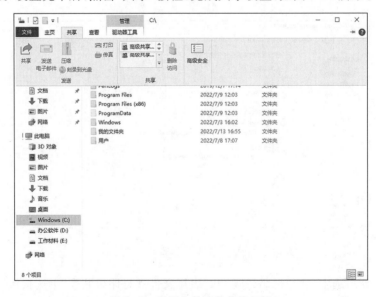

图 2-13　设置文件夹的共享权限

24

图 2-14　设置共享用户

3. 安装、设置打印机共享

步骤一：打开"控制面板"窗口，单击"硬件和声音"下的查看设备和打印机链接，打开"设备和打印机"窗口，如图 2-15 所示。

图 2-15　"设备和打印机"窗口

步骤二：单击"添加打印机"按钮，打开"添加打印机"对话框，如图 2-16 所示。

图 2-16 "添加打印机"对话框

步骤三：若系统无法检测到打印机，则单击"我所需的打印机未列出"，选择"通过手动设置添加本地打印机或网络打印机"，单击"下一页"，如图 2-17 所示。打开选择打印机端口对话框，选择"打印机端口 LPT1：（打印机端口）"，单击"下一步"按钮，打开"安装打印机驱动程序"对话框，如图 2-18 所示。

图 2-17 "添加打印机"界面

图 2-18　"安装打印机驱动程序"对话框

步骤四:选择打印机厂家和打印机型号,选择 HP 的 HP LaserJet M1005 Class Driver,单击"下一步",打开"键入打印机名称"对话框,如图 2-19 所示,输入打印机名称,单击"下一页"安装打印机驱动程序。

图 2-19　"键入打印机名称"对话框

步骤五:安装完驱动程序后,出现"打印机共享"对话框,如图 2-20 所示,选中"共享此打印机以便网络中的其他用户可以找到并使用它"按钮,可以更改共享名称和填写打印机位置等信息。

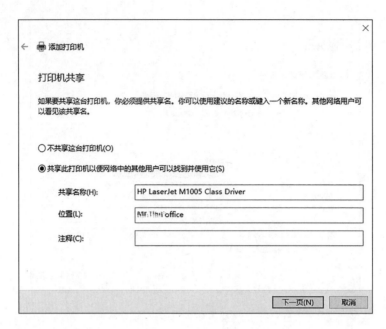

图 2-20　"打印机共享"对话框

4. 打开"网络"窗口,访问网络文件与打印机等资源

步骤一:在网络中其他计算机的桌面上双击"网络"打开"网络"窗口,如图 2-21 所示。

图 2-21　"网络"窗口

　　步骤二:找到要访问资源的计算机 WINDOWS-749F4NC,双击"WINDOWS-749F4NC"图标,如图 2-22 所示,查看该计算机共享的所有资源。例如,刚刚共享的文件夹"我的文件夹"和打印机"HP LaserJet M1005 Class"等。

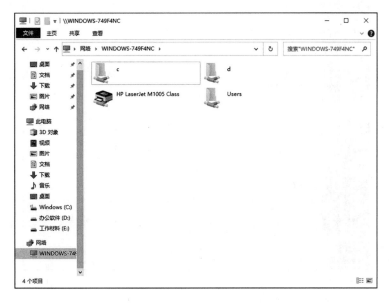

图 2-22　计算机 WINDOWS-749F4NC 上的共享资源

步骤三：双击共享文件夹"我的文件夹"，可以对其中的文件进行权限限制下的操作。

步骤四：双击共享打印机"HP LaserJet M1005 Class"可以查看打印机中打印任务及其状态，如图 2-23 所示。

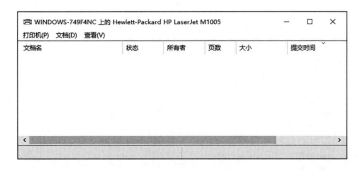

图 2-23　"HP LaserJet M1005 Class"打印机中打印任务及其状态

步骤五：打开一个 Word 文档，"文件"菜单下单击"打印"按钮，打开"打印"对话框，如图 2-24 所示，选择打印机为"HP LaserJet M1005 Class"，使用共享打印机进行文档打印操作。

操作技巧

无法连接到打印机时，如图 2-25 所示，需要在 Windows 防火墙中允许文件与打印机共享操作，才能设置打印机共享。操作提示如下。

（1）步骤一：打开"控制面板"窗口，单击"系统和安全"链接，打开"系统和安全"窗口，如图 2-26 所示。

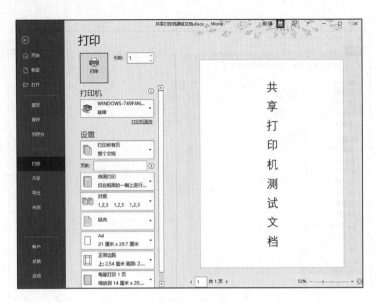

图 2-24　Word 中的"打印"对话框

图 2-25　无法连接到打印机

图 2-26　"系统和安全"窗口

步骤二：单击 Windows Defender 防火墙下的"允许的应用"对话框,打开"允许应用通过 Windows Defender 防火墙进行通信"窗口,如图 2-27 所示,选中"文件和打印机共享"前的复选框,另外选中对应"家庭/工作(专用)"或"公用"网络工作环境。单击"确定"按钮完成设置。

图 2-27 "允许的应用"对话框

(2)局域网中计算机的 IP 地址。一般企事业单位会将本单位的所有计算机组成局域网,局域网中的计算机通过局域网中的服务器访问 Internet。局域网中计算机的 IP 地址、子网掩码、网关、DNS 服务器等信息从网络管理部门获取,这些信息由网络管理部门分配和管理。

(3)除了在桌面上的"网络"里查找网络共享资源外,还可以在"计算机""网络"或"IE 浏览器"的地址栏里输入"\\计算机名"或"\\本地 IP 地址"。例如,输入"\\WINDOWS-749F4NC"或"\\172.168.1.106",如图 2-28 所示。

图 2-28 在"计算机"或"网络"的地址栏里输入"\\172.168.1.106"访问共享资源

实验 3　常用网络测试工具的应用

实验要求

本实验将完成一个网络信息查询和网络连通性检测的基本操作。在实验过程中,期望读者掌握以下操作技能:

(1) 使用 ipconfig 命令查看网络配置信息。

(2) 使用 Ping 命令检测网络连通性。

实验内容

(1) 打开"命令提示符"窗口。

(2) 使用 ipconfig 命令查看 TCP/IP 配置信息。

(3) 使用 ping 命令检测网络连通性。

实验步骤

1. 打开"命令提示符"窗口

步骤一:选择"开始"→"Windows 系统"→"运行"命令,打开"运行"对话框,如图 2-29 所示。

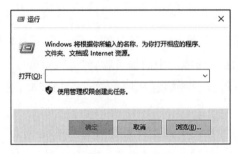

图 2-29　"运行"对话框

步骤二:在"运行"对话框中输入"CMD"命令,打开"命令提示符"窗口,如图 2-30 所示。

图 2-30　"命令提示符"窗口

2. 使用 ipconfig 命令查看 TCP/IP 配置信息

步骤一：在命令行提示符后面输入"ipconfig /?"回车，查看 ipconfig 命令的使用方法和主要选项，如图 2-31 所示。

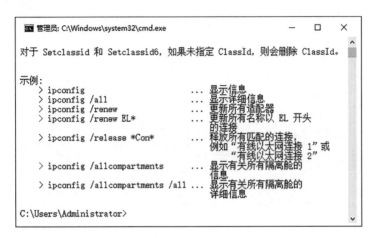

图 2-31 执行命令"ipconfig /?"的结果

步骤二：在命令行提示符后面输入"ipconfig"回车，如图 2-32 所示，显示 TCP/IP 的基本配置信息，包括本地连接的 IP 地址、子网掩码和默认网关等基本信息。

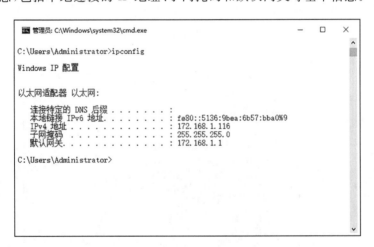

图 2-32 执行命令"ipconfig"的结果

步骤三：在命令行提示符后面输入"ipconfig /all"回车，如图 2-33 所示，显示 TCP/IP 的详细配置信息，包括计算机的主机名、以太网适配器（网卡）描述信息、网卡的物理地址、IP 地址、子网掩码、默认网关、DNS 服务器地址等详细信息。

3. 使用 ping 命令检测网络连通性

步骤一：在命令行提示符后面输入"ping /?"回车，如图 2-34 所示，查看 ping 命令的使用方法和主要选项。

```
管理员: C:\Windows\system32\cmd.exe                    —  □  ×
C:\Users\Administrator>ipconfig /all

Windows IP 配置

   主机名 . . . . . . . . . . . . . . : DESKTOP-MCA518F
   主 DNS 后缀 . . . . . . . . . . . :
   节点类型 . . . . . . . . . . . . . : 混合
   IP 路由已启用 . . . . . . . . . . : 否
   WINS 代理已启用 . . . . . . . . . : 否

以太网适配器 以太网:

   连接特定的 DNS 后缀 . . . . . . . :
   描述. . . . . . . . . . . . . . . : Realtek PCIe GbE Family Controller
   物理地址. . . . . . . . . . . . . : 48-9E-BD-A3-2C-42
   DHCP 已启用 . . . . . . . . . . . : 是
   自动配置已启用. . . . . . . . . . : 是
   本地链接 IPv6 地址. . . . . . . . : fe80::5136:9bea:6b57:bba0%9(首选)
   IPv4 地址 . . . . . . . . . . . . : 172.168.1.116(首选)
   子网掩码  . . . . . . . . . . . . : 255.255.255.0
   获得租约的时间  . . . . . . . . . : 2022年7月15日 14:55:39
   租约过期的时间  . . . . . . . . . : 2022年7月15日 17:55:39
   默认网关. . . . . . . . . . . . . : 172.168.1.1
   DHCP 服务器 . . . . . . . . . . . : 172.168.1.1
   DHCPv6 IAID . . . . . . . . . . . : 105422525
   DHCPv6 客户端 DUID  . . . . . . . : 00-01-00-01-2A-50-62-FB-48-9E-BD-A3-2C-42
   DNS 服务器  . . . . . . . . . . . : 211.85.1.129
                                       211.85.1.1
   TCPIP 上的 NetBIOS  . . . . . . . : 已启用

C:\Users\Administrator>_
```

图 2-33　执行命令"ipconfig /all"的结果

```
管理员: C:\Windows\system32\cmd.exe                    —  □  ×
C:\Users\Administrator>ping /?

用法: ping [-t] [-a] [-n count] [-l size] [-f] [-i TTL] [-v TOS]
           [-r count] [-s count] [[-j host-list] | [-k host-list]]
           [-w timeout] [-R] [-S srcaddr] [-c compartment] [-p]
           [-4] [-6] target_name

选项:
    -t              Ping 指定的主机,直到停止。
                    若要查看统计信息并继续操作,请键入 Ctrl+Break;
                    若要停止,请键入 Ctrl+C。
    -a              将地址解析为主机名。
    -n count        要发送的回显请求数。
    -l size         发送缓冲区大小。
    -f              在数据包中设置"不分段"标记(仅适用于 IPv4)。
    -i TTL          生存时间。
    -v TOS          服务类型(仅适用于 IPv4。该设置已被弃用,
                    对 IP 标头中的服务类型字段没有任何
                    影响)。
    -r count        记录计数跃点的路由(仅适用于 IPv4)。
    -s count        计数跃点的时间戳(仅适用于 IPv4)。
    -j host-list    与主机列表一起使用的松散源路由(仅适用于 IPv4)。
    -k host-list    与主机列表一起使用的严格源路由(仅适用于 IPv4)。
    -w timeout      等待每次回复的超时时间(毫秒)。
    -R              同样使用路由标头测试反向路由(仅适用于 IPv6)。
                    根据 RFC 5095,已弃用此路由标头。
                    如果使用此标头,某些系统可能丢弃
                    回显请求。
    -S srcaddr      要使用的源地址。
    -c compartment  路由隔离舱标识符。
    -p              Ping Hyper-V 网络虚拟化提供程序地址。
    -4              强制使用 IPv4。
    -6              强制使用 IPv6。

C:\Users\Administrator>_
```

图 2-34　执行命令"ping /?"的结果

　　步骤二:在命令行提示符后面输入"ping 127.0.0.1"回车,如图 2-35 所示,检测 TCP/IP 协议工作状态,如果发送 4 个数据包,返回 4 个数据包,说明 TCP/IP 协议工作正常;否则 TCP/IP 协议出现问题,需要重新安装协议。

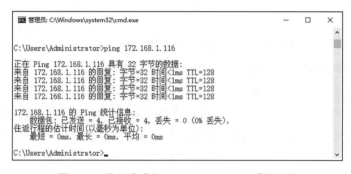

图 2-35 执行命令"ping 127.0.0.1"的结果

步骤三:在命令行提示符后面输入"ping 172.168.1.116"回车,如图 2-36 所示,检测本机网络适配器(网卡)工作状态,如果发送 4 个数据包,返回 4 个数据包,说明网卡工作正常;否则网卡出现问题,需要维修或更换网卡。

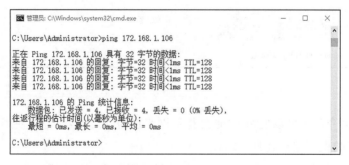

图 2-36 执行命令"ping 172.168.1.116"的结果

步骤四:在命令行提示符后面输入"ping 172.168.1.106"回车,如图 2-37 所示。检测本地网络工作状态,如果发送 4 个数据包,返回 4 个数据包,说明本地网络工作正常;否则本地网络出现问题,需要检修网线、交换机等网络设备。

```
管理员: C:\Windows\system32\cmd.exe                         —   □   ×

C:\Users\Administrator>ping 172.168.1.106
正在 Ping 172.168.1.106 具有 32 字节的数据:
来自 172.168.1.106 的回复: 字节=32 时间<1ms TTL=128
来自 172.168.1.106 的回复: 字节=32 时间<1ms TTL=128
来自 172.168.1.106 的回复: 字节=32 时间<1ms TTL=128
来自 172.168.1.106 的回复: 字节=32 时间<1ms TTL=128

172.168.1.106 的 Ping 统计信息:
    数据包: 已发送 = 4,已接收 = 4,丢失 = 0 (0% 丢失),
往返行程的估计时间(以毫秒为单位):
    最短 = 0ms,最长 = 0ms,平均 = 0ms

C:\Users\Administrator>
```

图 2-37 执行命令"ping 172.168.1.106"的结果

步骤五:在命令行提示符后面输入"ping 211.85.1.129"回车,如果检测域名服务器工作状态正常,则发送 4 个数据包,返回 4 个数据包;若出现如图 2-38 所示的结果,则域名服务器未提供服务,可以更换域名服务器地址,或通知 ISP 运营商提供技术支持等。

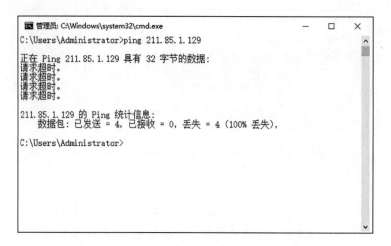

图 2-38　执行命令"ping 211.85.1.129"的结果

操作技巧

(1) 命令、参数、操作对象之间要有空格,否则会操作失败。

(2) 使用不同参数可以完成不同的功能。

例如,在命令行提示符后面输入"ping 172.168.1.106-n5-164"回车,如图 2-39 所示,在检测到目的主机 211.85.1.3 的连通性的基础上,指定了发送数据包的个数为 5个,每个数据包大小为 64 字节;默认发送数据包的个数为 4 个,每个数据包大小为 32字节。

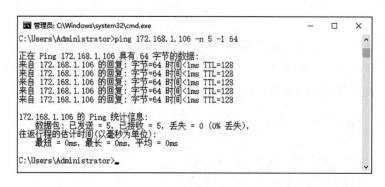

图 2-39　执行命令"ping 172.168.1.106-n5-164"的结果

(3) ping 命令除了可以使用 IP 地址检测网络连通性之外,还可以使用目的主机的计算机名、域名等检测网络连通性。

例如,在命令行提示符后面输入"ping WINDOWS-749F4NC"回车,如图 2-40 所示,检测到主机名为 WINDOWS-749F4NC 的计算机的连通性。

例如,在命令行提示符后面输入"ping www.baidu.com"回车,如图 2-41 所示,检测到域名为"www.baidu.com"服务器的连通性。

图 2-40 执行命令"ping WINDOWS-749F4NC"的结果

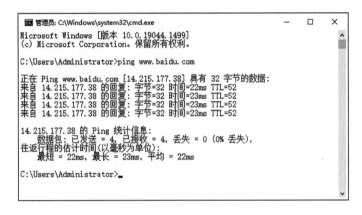

图 2-41 执行命令"ping www.baidu.com"的结果

○ 操作题 ○

请在如图 2-42 所示的对话框中,进行下列操作,完成所有操作后,请关闭窗口。

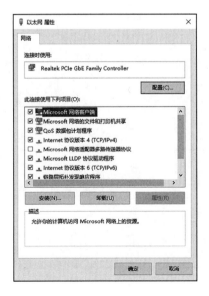

图 2-42 "本地连接"对话框

步骤一:设置 Internet 协议版本 4(TCP/IPv4)IP 地址为 10.10.10.25。

步骤二:设置 Internet 协议版本 4(TCP/IPv4)子网掩码为 255.255.255.0。

步骤三:设置 Internet 协议版本 4(TCP/IPv4)默认网关为 10.10.10.1。

步骤四:设置 Internet 协议版本 4(TCP/IPv4)首选 DNS 服务器为 137.25.10.78。

单元 3
Internet的应用

Internet 是一个世界范围的网络,可以把世界各地的计算机连接在一起,进行数据传输和通信,它为人们提供了一个巨大的信息资源库和一个崭新的交流平台,网上信息可以不断丰富和扩散,并且信息还以不同形式散布在无数的服务器上,用户可以通过 Internet 找到自己所需要的信息。

实验 1 Edge 浏览器的使用

实验要求

本实验通过对 Edge 浏览器进行个性化的设置和使用 Edge 浏览器来浏览因特网资源。在实验过程中,期望读者掌握以下操作技能:

(1) 学会使用 Edge 浏览器浏览网页。

(2) 掌握 Edge 浏览器的基本设置。

(3) 掌握 Edge 浏览器的基本操作。

实验内容

(1) 使用 Edge 浏览器浏览"http://www.chsi.com.cn/"网站的内容。

(2) 将 Edge 浏览器的起始主页设置为"http://www.chsi.com.cn/"网站。

(3) 将"学信网"网站添加到收藏夹中,并通过收藏夹打开该网站。

(4) 将"学信网"网页保存到"C:\学号-姓名"文件夹中。

(5) 清除 Edge 的使用痕迹,包括临时文件、Cookies、历史记录等。

实验步骤

1．使用 Edge 浏览器浏览"http://www.chsi.com.cn/"网站的内容

步骤一：双击桌面上的"Edge"图标，或者依次单击"开始"→"所有程序"→"Edge"，启动 Edge 浏览器。

步骤二：在浏览器的地址栏中输入网址"http://www.chsi.com.cn/"，按下回车键，进入"学信网"首页。在首页中单击各个文字、图片链接，浏览相应网页内容，如图 3-1 所示。

图 3-1　使用 Edge 浏览器浏览"学信网"

步骤三：单击浏览器窗口左上方的"首页"文字链接，可以从其他网页中返回"学信网"首页，如图 3-2 所示。

图 3-2　网站其他网页返回首页

2．将 Edge 浏览器的起始主页设置为"http://www.chsi.com.cn/"网站

步骤一：在 Edge 浏览器中打开"学信网"首页，单击 Edge 浏览器右上角的"设置及其他"菜单，选择"设置"，如图 3-3 所示。

步骤二：鼠标左键单击页面左侧"开始、主页和新建标签页"选项，选择右侧的"'开始'按钮"功能并选中空白栏输入"http://www.chsi.com.cn/"，单击"保存"按钮，如图3-4 所示。

图 3-3 选择"Internet 选项"

图 3-4 将"http://www.chsi.com.cn/"设置为 Edge 浏览器的起始主页

3. 将"学信网"网站添加到收藏夹中,并通过收藏夹打开该网站

步骤一:在 Edge 浏览器中打开"学信网"首页,单击 Edge 浏览器地址栏末端的收藏图标,或右键单击收藏夹栏空白区域,选择"将此页添加到收藏夹",如图 3-5 所示。

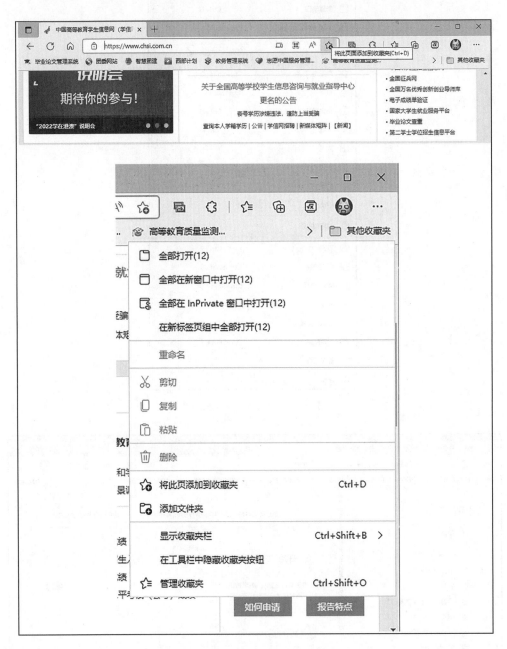

图 3-5　选择将此页"添加到收藏夹"

步骤二:在"已添加到收藏夹"对话框中,输入该网页的名称和选择该收藏创建的位置等,单击"完成"按钮,如图 3-6 所示。

图 3-6 输入收藏网页的名称和创建的位置

步骤三：打开 Edge 浏览器，单击"收藏夹"菜单，选择"中国高等教育学生信息网（学信网）"打开"学信网"网站，如图 3-7 所示。

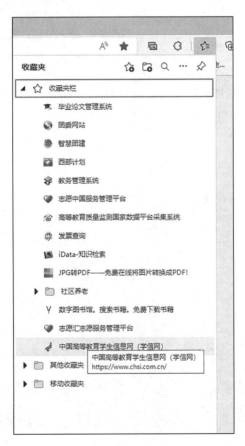

图 3-7 通过收藏夹打开"学信网"网站

4. 将"学信网"网页保存到"C:\学号-姓名"文件夹中

步骤一：在计算机的 C 盘中创建"05101234-姓名"文件夹。

步骤二：在浏览器中打开"学信网"首页，在网页区域单击鼠标右键，选择"另存为"选项，如图 3-8 所示。

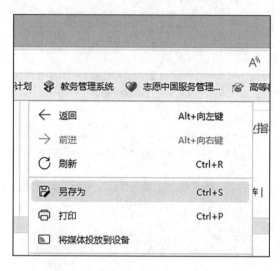

图 3-8　选择"另存为"选项

步骤三：在"保存网页"对话框中选择保存的文件夹地址"计算机＞本地磁盘（C:）＞05101234-姓名"，输入文件名（也可以选择默认文件名），保存类型选择为"网页，完成"，单击"保存"按钮，如图 3-9 所示。

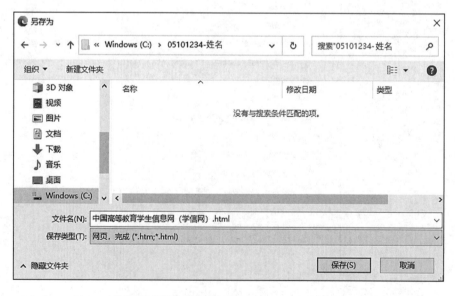

图 3-9　将"学信网"首页保存到"C:\ 05101234-姓名"文件夹中

步骤四：打开"C:\05101234-姓名"文件夹，可以查看保存的"学信网"首页，如图 3-10 所示。

图 3-10 保存在"05101234-姓名"文件夹中的"学信网"首页

5. 清除 Edge 的使用痕迹，包括临时文件、Cookies、历史记录等

步骤一：打开 Edge 浏览器，单击"设置及其他"功能按钮，选择"设置"。

步骤二：在"设置"功能页面中，选择左侧的"隐私、搜索和服务"功能，在右侧找到"清除浏览数据"功能，单击选择要清除的内容按钮后，选择要删除的相关历史记录，并单击"立即清除"，如图 3-11 所示。

图 3-11 "清除浏览数据"对话框

实验 2　Internet 信息检索

实验要求

本实验使用百度搜索引擎搜索 Internet 信息,使用学术期刊搜索引擎搜索学术期刊资源。在实验过程中,期望读者掌握以下操作技能:

(1) 使用 Baidu(百度)搜索引擎搜索所需信息。

(2) 使用学术期刊网搜索学术论文。

实验内容

(1) 使用 Baidu(百度)搜索引擎搜索本专业的人才培养方案。

(2) 使用 Baidu(百度)搜索引擎搜索"互联网＋"词条。

(3) 使用"中国学术期刊网络出版总库(CNKI)"搜索"大数据"相关学术期刊和学位论文。

实验步骤

1. 打开"百度"网站首页

打开 Edge 浏览器,在 Edge 浏览器的地址栏中输入"www. baidu. com",按下回车键,打开"百度"网站首页,如图 3-12 所示。

图 3-12　"百度"网站首页

2. 使用 Baidu(百度)搜索引擎搜索本专业的人才培养方案

在 Baidu(百度)主页的文本框中输入"物联网专业人才培养方案",单击"百度一下"按钮,可以查看到 Internet 上与"物联网专业人才培养方案"相关的信息,点击相关文字链接,查找需要的"物联网专业人才培养方案"相关信息,如图 3-13 所示。

图 3-13 "物联网专业人才培养方案"的检索结果

3. 使用 Baidu(百度)搜索引擎搜索"互联网＋"词条

在 Baidu(百度)主页中,单击"百科"标签,在打开的对话框的文本框中输入"互联网＋",单击"进入词条"按钮,可以查看到"互联网＋"词条详细信息,如图 3-14 所示。

图 3-14 "互联网＋"的词条检索结果

4. 使用"中国学术期刊网络出版总库(CNKI)"搜索"大数据"相关学术期刊和学位论文

步骤一:打开 Edge 浏览器,在 Edge 浏览器的地址栏中输入"http://www.cnki.net/",按下回车键,打开"中国知网"网站首页,如图 3-15 所示。

图 3-15 "中国知网"首页

步骤二：在"中国知网"首页中，选择"文献检索"，并在搜索栏中输入关键词"大数据"，单击右侧"放大镜"图标或直接按回车键进行检索，在标签页中选择"学术期刊"，如图 3-16 所示。

图 3-16 "大数据"学术期刊的检索结果

实验3 使用 Outlook 收发电子邮件

实验要求

本实验通过设置 Outlook，使用 Outlook 进行邮件收发测试与操作。在实验过程中，期望读者掌握以下操作技能：

(1) 设置 Outlook。

(2) 使用 Outlook 进行收发电子邮件操作。

实验内容

(1) 开启 IMAP 服务。

(2) Outlook 设置。

(3) 使用 Outlook 收发电子邮件。

实验步骤

1. 开启 IMAP 服务

步骤一：使用自己的账号进入 QQ 邮箱，点击"设置"，如图 3-17 所示。

图 3-17　QQ 邮箱账户登录窗口

步骤二：在"邮箱设置"→"账户"对话框中的"POP3/IMAP/SMTP/Exchange/Card-DAV/CalDAV 服务"栏中，单击"开启"按钮，开启 IMAP/SMTP 服务，如图 3-18 所示。根据页面提示，完成开启服务步骤，并记录授权码，如图 3-19 所示。

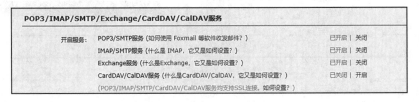

图 3-18　开启 IMAP/SMTP 服务

2. Outlook 设置

步骤一：双击桌面上"Outlook"图标，或单击"开始"菜单，在以 O 字母开头的程序分组中点击 Outlook 启动 Outlook，如图 3-20 所示。

图 3-19　第三方客户端登录授权码

步骤二：在 Outlook 登录界面中，输入个人电子邮件地址，单击"连接"按钮，添加电子邮件账户，开始进行电子邮箱登录设置。

步骤三：在新出现的对话框中，输入第三方客户端登录授权码，单击"连接"按钮，完成个人电子邮件登录，如图 3-21 所示。

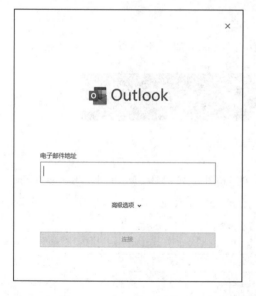

图 3-20　Outlook 登录界面　　　　　　　图 3-21　选择电子邮件账户服务

3. 使用 Outlook 收发电子邮件

步骤一：设置完成后，单击"已完成"按钮，即可进入 Outlook 界面，如图 3-22 所示。

步骤二：在操作界面中，单击个人电子邮箱下的"收件箱"，可以查看已经收到的邮件列表、当前邮件预览等信息，单击"发送/接收"标签，单击左上角的"发送/接收所有文件夹"按钮，接收新邮件，如图 3-23 所示。

步骤三：在操作界面中，单击"开始"标签，如图 3-24 所示。

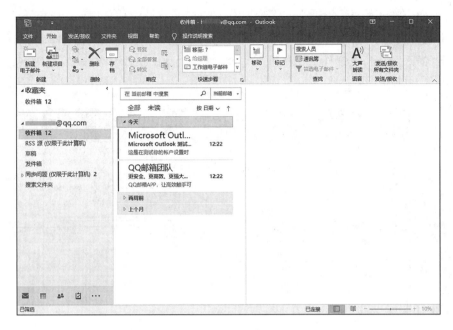

图 3-22 Outlook 操作界面

图 3-23 使用 Outlook 接收电子邮件

图 3-24 Outlook "开始"标签

步骤四:在"开始"标签中,单击"新建电子邮件"按钮,在"邮件"标签中填写好友邮件地址,主题为"测试邮件";单击"附加文件"按钮,在"插入"对话框中选择需要附加的文件,单击"插入"按钮;在邮件正文框里撰写邮件内容"测试邮件",单击"发送"按钮发送邮件,如图 3-25 所示。

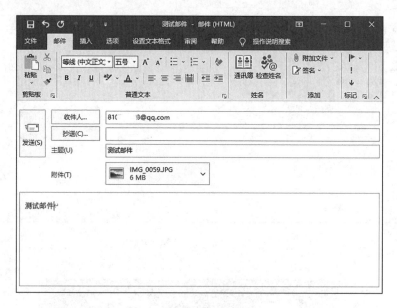

图 3-25　使用 Outlook 发送电子邮件

操作题

请在如图 3-26 所示的窗口中,进行下列操作,完成所有操作后,请关闭窗口。

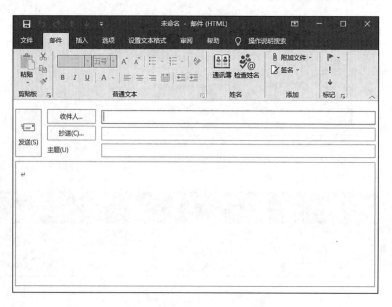

图 3-26　Outlook 操作窗口

注:本题要求添加附件,请建立相应文件并附加。

步骤一:请使用 Outlook Express 发送邮件,收集各部门的工作完成情况。

步骤二:邮箱地址为 sung@163.com, weny@163.com.cn, yaozhj@163.com.cn。

步骤三:主题为年度工作计划。

步骤四:邮件内容为请在本周五之前,将各部门的工作总结发送到公司邮箱中,便于我们掌握各部门的工作完成情况。

步骤五:添加附件"年度工作计划模板.doc"。

单元 4
Word文字处理软件应用

　　Word 是 Microsoft Office 软件包中的一个重要组件,适用于多种文档的编辑排版,如书稿、简历、公文、传真、信件、图文混排和文章等,也是人们提高办公质量和办公效率的有效工具。本单元通过 7 个实验的练习,帮助读者掌握文字处理中的基本排版方法,表格以及图表的使用,分节后不同节设置不同页面格式的方法,图文混排及绘图工具的应用,邮件合并的基本使用方法,文档的修订与共享的基本方法,论文排版、目录生成等综合应用。实验的内容由浅入深,读者不但能够掌握基本的排版方法,还可以对 Word 中的高级排版内容进行训练。

实验 1　制作协会招新公告

实验要求

　　本实验将通过一系列基本操作,制作一份协会招新公告。在实验过程中,期望读者掌握以下操作技能:

　　(1) 创建新的 Word 文档、文字录入、特殊符号插入、保存文档。

　　(2) 文档编辑、插入文字、复制和移动文字。

　　(3) 文档排版、字体格式设置、字号大小设置。

　　(4) 段落设置,包括标题居中、段间距、行距、首行缩进。

实验内容

　　(1) 启动 Word 2016,建立空文档,录入图 4-1 所示的实验原文。"协会招新公告"样张,如图 4-2 所示。

天文协会招新

为丰富校园文化生活，为爱好天文的同学提供一个展示自我的平台，10月16日，桂林电子科技大学职业技术学院天文协会（以下简称桂电职院天协）招新活动在西校区圆盘处举行。

桂电职院天协于2015年5月成立，以"全心全意服务于科普工作者和天文爱好者，积极宣传和普及天文知识，弘扬天文文化"为宗旨。经常在校内举办各种天文科普活动。例如，观星活动、天文爱好者培训班、开展天文知识竞赛、天文摄影比赛、组织会员观察日食月食、望远镜操作培训、组织天文知识讲座等。

天文学是六大基础自然科学中唯一没有开设的中学课程的学科，我们正处于"茫然不知"而又面临很多挑战的年代，作为当代大学生，我们应当去了解地球以外的广袤宇宙。天文的科普，还在于让我们关注周围环境，雾霾和光污染使得星星和美丽的银河再难以清晰看见，抬头只看到五颜六色的霓虹灯，小时候的那片璀璨的星空现在似乎只出现在电影里面，而快节奏的学习生活也让我们变得浮躁，或许是时候放下手中的手机，仰望星空，感受内心的那份平静。

☺ 加入天文协会，让我们一起去看星星，看流星雨，拥抱星空！
☺ 天文协会，欢迎你，不需要基础，不需要面试，只要一颗热爱星空的心！

报名方式：

10月16日（周三）中午西校区圆盘处招新，现场报名，报名就送星座书签哦！

图 4-1 "协会招新公告"原文

天文协会招新

为丰富校园文化生活，为爱好天文的同学提供一个展示自我的平台，10月16日，桂林电子科技大学职业技术学院天文协会（以下简称桂电职院天协）招新活动在西校区圆盘处举行。

桂电职院天协于2015年5月成立，以"全心全意服务于科普工作者和天文爱好者，积极宣传和普及天文知识，弘扬天文文化"为宗旨。经常在校内举办各种天文科普活动。例如，观星活动、天文爱好者培训班、开展天文知识竞赛、天文摄影比赛、组织会员观察日食月食、望远镜操作培训、组织天文知识讲座等。

天文学是六大基础自然科学中唯一没有开设的中学课程的学科，我们正处于"茫然不知"而又面临很多挑战的年代，作为当代大学生，我们应当去了解地球以外的广袤宇宙。天文的科普，还在于让我们关注周围环境，雾霾和光污染使得星星和美丽的银河再难以清晰看见，抬头只看到五颜六色的霓虹灯，小时候的那片璀璨的星空现在似乎只出现在电影里面，而快节奏的学习生活也让我们变得浮躁，或许是时候放下手中的手机，仰望星空，感受内心的那份平静。

☺ 加入天文协会，让我们一起去看星星，看流星雨，拥抱星空！

☺ 天文协会，欢迎你，不需要基础，不需要面试，只要一颗热爱星空的心！

报名方式：

10月16日（周三）中午西校区圆盘处招新，现场报名，报名就送星座书签哦！

图 4-2 "协会招新公告"样张

（2）设置标题"天文协会招新"字体为黑体，二号字，添加外部、右下斜偏移、黑色阴影。

（3）设置正文字体为宋体，小四；小标题"报名方式"设置为楷体，三号，加上双下划线；正文最后一行文字设置为红色字体。

（4）为小标题"报名方式"上面两行文字添加灰色，−25％底色以突出显示。

（5）设置标题"天文协会招新"对齐方式为"居中"，段前段后间距为"1行"。

（6）设置正文"首行缩进"为"2个字符"，行距设置为"1.5倍行距"。

（7）将文档进行保存。

实验步骤

1. 启动Word，新建文档，录入文字

步骤一：启动Word 2016。

步骤二：启动Word时，自动建立一个文件名为"文档1"的空文档。

步骤三：在"文档1"中录入图4-1实验原文所给出的文档内容。文中的"☺"符号插入步骤如下。单击"插入"选项卡，在"符号"组中单击"符号"下拉按钮，选择"其他符号"，如图4-3所示。然后在弹出"符号"插入对话框中，"字体"选择"Wingdings"选项，找到"☺"，如图4-4所示，点"插入"按钮即可。

图4-3　插入其他符号

2. 设置文字的格式

步骤一：Office几乎所有的设置操作都是本着"先选中后设置"的原则，所以读者在执行某个设置时要先选中操作的对象。选中标题"天文协会招新"，在"开始"选项卡的"字体"选项区里选择字体为黑体，二号字。单击"字体"选项区的对话框启动器，打开"字体"设置对话框，点击"文字效果"按钮，打开"设置文本效果格式"对话框，选中左边的"阴影"，右边的效果选项"预设"为"外部→右下斜偏移"，颜色为"黑色"，如图4-5所示。

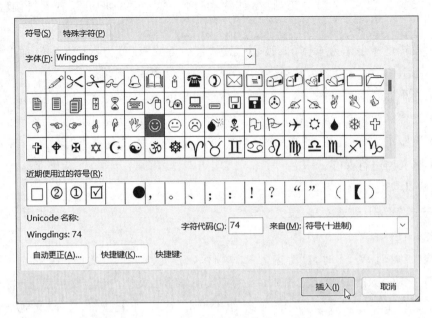

图 4-4　插入笑脸符号

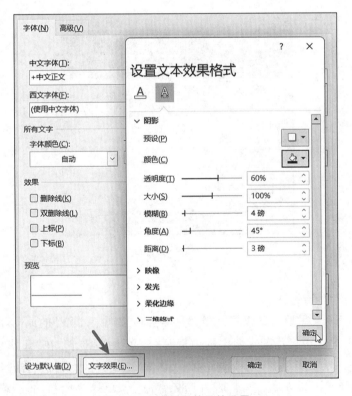

图 4-5　文本阴影效果的设置

步骤二：选择正文，字体设置为宋体，小四，小标题"报名方式"设置为楷体，三号，加上双下划线，如图 4-6 所示。

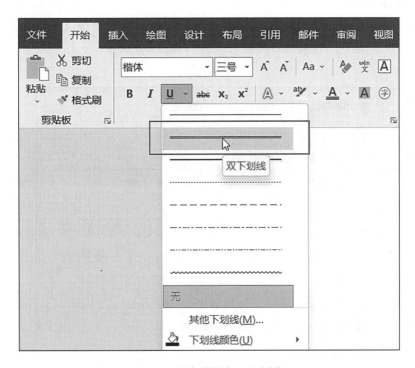

图 4-6 小标题添加双下划线

步骤三：小标题上面两行文字添加底色以突出显示，方法就是点击"字体"选项区的"以不同颜色突出显示文本"右边下拉按钮，选择灰色，−25％，如图 4-7 所示。

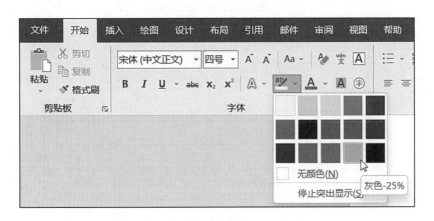

图 4-7 设置底色以突出显示文本

步骤四：选择正文最后一行文字，同样是在"字体"选项区里点击"字体颜色"右边的下拉按钮，选择"红色"，文字即可变为红色。

3. 设置段落格式

步骤一：选中标题，点击"开始"选项卡的"段落"对话框启动器，打开"段落"对话框，设置对齐方式为"居中"，段前段后间距为"1 行"，如图 4-8 所示。

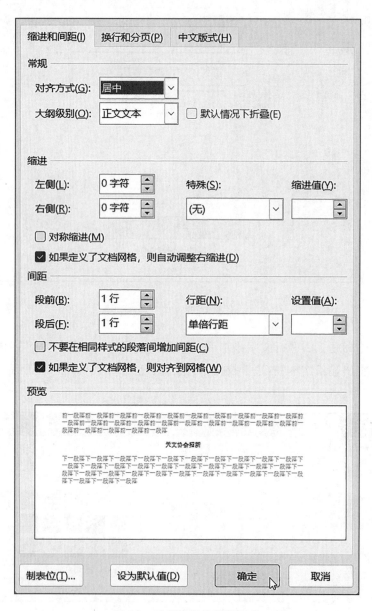

图 4-8　设置标题的段落格式

步骤二：选中正文，如上操作设置段落的特殊格式首行缩进为"2 字符"，行距设置为"1.5 倍行距"，如图 4-9 所示。

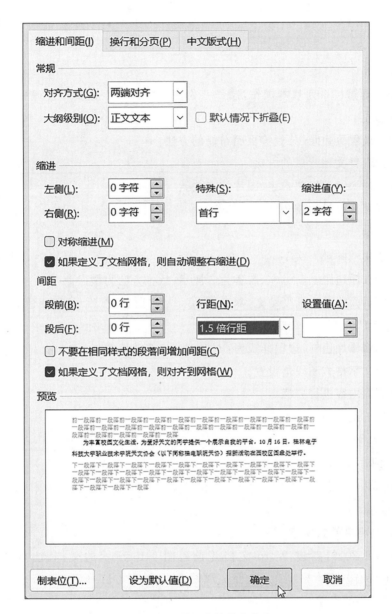

图 4-9　设置正文的段落格式

4. 保存文档

　　点"文件"选项卡，选择"保存"命令，如果该文档是第一次保存，则会弹出"另存为"对话框，命名文档，保存并退出 Word 2016。

实验 2　制作产品宣传单

实验要求

本实验将通过一系列基本操作,制作一份产品宣传单。在实验过程中,期望读者掌握以下操作技能:

(1) 掌握设置页边距、分栏等页面布局的方法。

(2) 掌握设置文档背景的方法。

(3) 掌握插入及编辑艺术字、图片的方法。

(4) 掌握图文混排的技巧。

实验内容

(1) 新建文档并录入文字。

(2) 设置页面边距上、下、左、右各为 2 厘米,纸张方向为横向。

(3) 设置页面背景为渐变填充,双色,颜色 1 为"蓝色,个性色 1,淡色 80%",颜色 2 为"白色,背景 1"。

(4) 为页面添加边框,边框样式为:方框、蓝色、双波浪线。

(5) 进行文字格式和段落设置。

(6) 将页面内容进行分栏。

(7) 美化正副标题。

(8)插入及编辑图片。

(9)设置项目符号。

(10)将文档进行保存。

实验步骤

1. 新建文档并录入文字

启动 Word 2016,新建 Word 文档并录入图 4-10 所示的文档,注意主标题文字"VIVE"左右都有一个空格。产品介绍完成效果图,如图 4-11 所示。

2. 页面布局的设置

步骤一:点选"布局"选项卡,激活"页面设置"对话框启动器,如图 4-12 所示进行页边距、纸张方向的设置,最后应用于"整篇文档",按确定按钮。

步骤二:在"设计"选项卡里点击"页面背景"选项区的"页面颜色"下拉按钮,选择"填充效果",如图 4-13 所示。打开页面背景填充效果的设置对话框,选择"渐变"选项卡,"颜色"选项为"双色",颜色 1 为"蓝色,个性色 1,淡色 80%",颜色 2 为"白色,背景 1","底纹样式"为"水平",如图 4-14 所示,按确定按钮。

VR 先锋 HTC VIVE 介绍

无限想象 触摸未来

近两年国内外 AR / VR 创业日渐火爆，不管是传统 PC 厂商，还是新兴的智能手机厂商都试图在这个市场尚未正式成型之前抢下一块蛋糕。这股 AR / VR 的创业风潮，要感谢 Oculus Rift，要感谢 HTC Vive，要感谢微软 HoloLens，更要感谢让人们开始大胆想象的 Google Glass。虽然如今 Google Glass 项目是否能重启都没有定数，但后继有人，AR / VR 设备已经开始大规模进入消费市场了。

说到大规模上市和应用的 VR，其实上述设备都算不上能短时间内普及的 VR 设备。目前充当 VR 普及先锋的是手机类 VR 设备，他们大都出自 Google Cardboard 纸盒眼镜的灵感，从几元包邮的中国产纸盒眼镜，到与 Oculus 合作搭载的 SAMSUNG （三星），莫不是如此。虽然同为 VR 类设备，但彼此间巨大的价格差距，在体验上自然也是各有不同的。最廉价的 VR 无疑是 Google Cardboard 这样的纸盒类 VR，往上有操作和佩戴更进一步的手机类 VR，比如暴风魔镜；再高一点还有 Gear VR 这样与专业 VR 厂商一起开发的手机类 VR。

2 月 29 日，HTC 正式公布了 Vive VR 的价格，这款让消费者期待已久的 VR 设备正式开始接受预订，中国大陆售价 6888 元，第一批次开卖和发货。今天 HTC 在深圳召开 HTC Vive 中国开发者峰会，正式向公众介绍了 Vive VR 的消费者版本。此前已经提到，消费者版本的 Vive 包括头戴设备、两个控制手柄以及两个基站。

Vive 的全球内容副总经理 JoelBreton 为开发者们提出了几点建议，如下：

游戏画面尽量达到 90FPS；
设计移动时，不要设计加速，以避免眩晕；
了解如何利用 Vive 的 Room-scale；
充分利用自带的动作控制器；
游戏人物走动时，不要使相机上下晃动，应使画面平稳过度；
忘记 PC 游戏和手游的视角，利用沉浸感技术来设计游戏内容。

图 4-10　产品介绍原文

图 4-11　产品介绍完成效果图

图 4-12　页边距和纸张方向设置

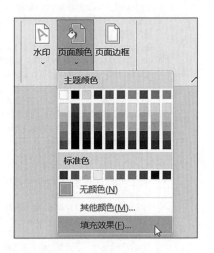

图 4-13　选择页面背景的填充方式

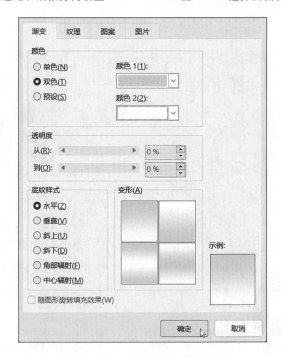

图 4-14　页面背景填充效果设置

　　步骤三：在"设计"选项卡里点击"页面背景"选项区的"页面边框"按钮，在弹出的"边框和底纹"对话框里选择"页面边框"选项卡，在设置选项组中选择方框，样式选择双波浪线，颜色选择蓝色，其他参数默认，点确定按钮，如图 4-15 所示。

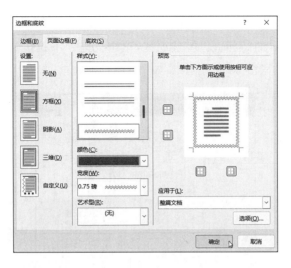

图 4-15　页面边框设置

3. 文字格式和段落设置

回到"开始"选项卡,选择正副标题,设置其字体为"隶书",字号为"二号",接下来选择正文,设置字体为"楷体",字号为"小四",点击"段落"选项区的对话框启动器激活段落设置对话框,设置对齐方式为"左对齐",特殊格式为"首行",值为"2字符",行距为"固定值",设置值为"20磅",如图 4-16 所示,点确定按钮。

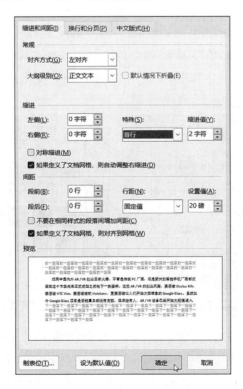

图 4-16　正文的段落设置

4. 分栏

选择"布局"选项卡的"页面设置"选项区,单击"分栏"下拉按钮,在弹出的下拉列表中选择"两栏",默认栏宽相等,无分割线,如图 4-17 所示。

图 4-17　将文档分成两栏

5. 美化标题

步骤一:选择正标题的文字"VIVE",在"开始"选项卡的"字体"选项区里点击"字符边框"按钮,如图 4-18 所示,给"VIVE"四个英文加上边框。继续选择文字"VE",将字体颜色设置为"白色",再点击"字体"选项区的"以不同颜色突出显示文本"的下拉按钮,选择"黑色",如图 4-19 所示。

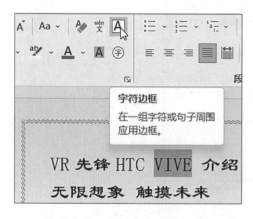

图 4-18　给文字加上边框

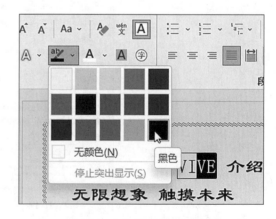

图 4-19　设置反相显示的文字

步骤二:选择副标题文字"无限想象 触摸未来",切换到"插入"选项卡,在"文本"选项区点击"艺术字"下拉按钮,选择第二行的第四个艺术字效果,即可将副标题文字转换成艺术字,注意这时字号大小会发生变化,所以字号需要恢复成"二号"。

步骤三:选择副标题艺术字,单击"绘图工具→形状格式→艺术字样式→文本效果"的下拉按钮,在下拉列表中选择"阴影→外部→右下斜偏移"的效果,如图4-20所示。继续在同一个下拉列表中选择"转换→弯曲→正V形"的效果,如图4-21所示。接着在同一选项卡的"排列"选项区中点击"环绕文字"的下拉按钮,在下拉列表里选择"衬于文字下方",如图4-22所示,这样艺术字和周围的文字会结合得紧密些,最后用鼠标把副标题移到合适的位置。

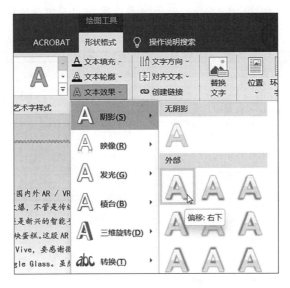

图4-20 设置艺术字阴影效果

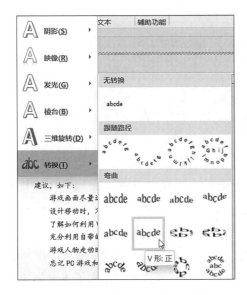

图4-21 设置艺术字的变形效果

图4-22 设置文本框和周围文字围绕方式

6. 插入图片

步骤一：将光标停留在文档左边分栏的右下位置，单击选项卡"插入→图片"按钮，在弹出的"插入图片"对话框，插入"Vive1.png"图片的文件。

步骤二：选中该图片，激活图片工具"图片格式"选项卡，单击"排列"选项区"环绕文字"的下拉按钮，在下拉列表选择"四周型"。

步骤三：选中该图片，激活"图片格式"选项卡，单击"大小"选项区的对话启动器，在"大小"选项卡的"缩放"选项区域里，勾选"锁定纵横比"和"相对原始图片大小"，高度和宽度皆设置为"50％"，如图 4-23 所示，最后将图片移到左下角合适的位置。

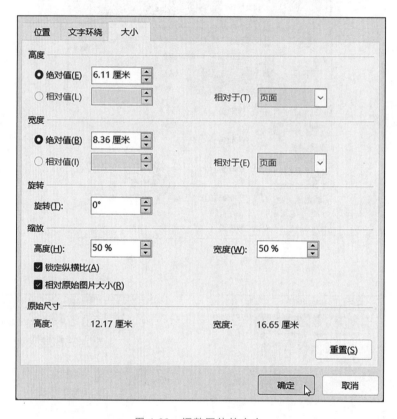

图 4-23　调整图片的大小

步骤四：按照上述方法，在文档右分栏的右上角插入图片"Vive2.png"，并且将其大小设置为原始图片的 44％，最后适当调整下位置。

7. 设置项目符号

选中文档末尾的倒数第 1 行至第 6 行，回到"开始"选项卡，在"段落"选项区里点击"项目符号"下拉按钮，选择菱形，如图 4-24 所示，保存文档。到这里即完成了本案例的制作，读者可以对比图 4-11 的完成效果。

图 4-24 设置文档的项目符号

操作技巧

（1）艺术字的使用。

在文档插入艺术字时，Word 中提供了很多艺术字样式，可以从中选择任意一项进行添加，当添加艺术字后，可以打开"绘图工具"下面的"格式"选项卡，完成对艺术字样式的不同效果设置。在文档插入艺术字后，默认情况下艺术字的环绕方式为"嵌入型"，有时这种环绕方式并不适合所需要的图文混排方式，因此需要修改。

（2）在文档中插入"剪贴画"。

如果没有预先准备好的图片，可以通过插入选项卡→联机图片→必应图像搜索来添加一幅网络图片，在搜索栏中直接单击搜索按钮或是输入想要找的图片类型进行搜索，如图 4-25 所示。

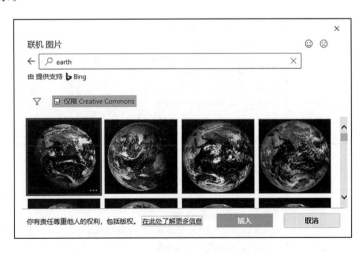

图 4-25 "剪贴画"任务窗格的使用

实验 3　表格转换的应用

实验要求

通过本次实验,不仅使读者掌握 Word 中如何使用文本转换为表格及表格转换成文本的不同设置的高级技巧,还为读者提供了学习 Word 及 Excel 常用快捷键的练习机会,使学习者使用 Word 时更加高效快捷的完成表格的实际应用。在实验过程中,期望读者掌握以下操作技能:

(1) 掌握 Word 中如何将文本转换成表格的方法与技巧。

(2) 掌握 Word 中如何将表格转换成文本的方法与技巧。

(3) 掌握如何在 Word 文档中插入日期。

(4) 掌握如何在 Word 文档中插入尾注。

实验内容

(1) 打开"表格.doc"文件,如图 4-26 和图 4-27 所示。

表 1· Excel· 2016 快捷键的说明↵

序号 → 快捷键→说明↵

1 → Ctrl+;→输入当前日期↵
2 → Ctrl+A→选定整个工作表↵
3 → Ctrl+B→应用或取消文字加粗格式↵
4 → Ctrl+C→复制选定区域↵
5 → Ctrl+D→将当前单元格数据向下填充到选定区域↵
6 → Ctrl+F→显示"查找"对话框↵
7 → Ctrl+G→显示"定位"对话框↵
8 → Ctrl+H→显示"替换"对话框↵
9 → Ctrl+I→应用或取消文字倾斜格式↵
10 → Ctrl+K→插入超级链接↵
11 → Ctrl+N→新建一个工作簿↵
12 → Ctrl+O→打开"打开"对话框↵
13 → Ctrl+P→显示"打印"对话框↵
14 → Ctrl+R→将当前单元格数据向右填充到选定区域↵
15 → Ctrl+U→应用或取消文字下划线格式↵
16 → Ctrl+V→粘贴选定区域↵
17 → Ctrl+X→剪切选定区域↵
18 → Ctrl+Z→撤消最后一次操作↵
19 → F1→打开"帮助"对话框↵
20 → F2→编辑活动单元格,并将插入点光标放到行末↵
21 → F7→打开"拼写检查"对话框↵
22 → F11→在新工作表中创建当前区域的图表↵

图 4-26　表格.docx 原文第 1 页

表 2 Word 2016 快捷键的说明

序号	快捷键	说明
1	Ctrl+A	选定整个文档
2	Ctrl+B	应用加粗格式
3	Ctrl+C	复制所选文本或对象
4	Ctrl+D	改变字符格式（"格式"菜单中的"字体"命令）
5	Ctrl+E	段落居中
6	Ctrl+F	查找文字、格式和特殊项
7	Ctrl+G	定位至页、书签、脚注、表格、注释、图形或其它位置
8	Ctrl+H	替换文字、特殊格式和特殊项
9	Ctrl+I	使字符变为斜体
10	Ctrl+J	两端对齐
11	Ctrl+L	左对齐
12	Ctrl+M	左侧段落缩进
13	Ctrl+N	创建与当前或最近使用过的文档类型相同的新文档
14	Ctrl+O	打开文档
15	Ctrl+P	打印文档
16	Ctrl+R	右对齐
17	7Ctrl+S	保存文档
18	Ctrl+T	创建悬挂缩进
19	Ctrl+U	为字符添加下划线
20	Ctrl+V	粘贴文本或对象
21	Ctrl+W	关闭文档
22	Ctrl+X	剪切所选文本或对象
23	Ctrl+Y	重复上一操作
24	Ctrl+Z	撤消上一操作
25	Ctrl+1	单倍行距
26	Ctrl+2	双倍行距
27	Ctrl+5	1.5 倍行距
28	Ctrl+Home	将光标定位到文档的开始位置
29	Ctrl+End	将光标定位到文档的踣束位置
30	Alt+Ctrl+N	切换到普通视图
31	Alt+Ctrl+O	切换到大纲视图
32	Alt+Ctrl+P	切换到页面视图

　　快捷键即热键，就是键盘上某几个特殊键组合起来完成一项特定的操作，比如 Alt+Ctrl+Del，在 Windows 下可以打开任务管理器。如果系统中有热键冲突，可以将其中的一个热键更改成别的热键，很多情况下，热键可以大大提高计算机的操作效率。

图 4-27　表格.docx 原文第 2 页

　　（2）选中第 1 页文本，将文本转换成表格，并设置为"自动套用格式"的"网页型 2"格式，效果如图 4-28 所示。

　　（3）设置"表 1"标题及表格内的文字格式。

表1·Excel 2016 快捷键的说明

序号	快捷键	说明
1	Ctrl+;	输入当前日期
2	Ctrl+A	选定整个工作表
3	Ctrl+B	应用或取消文字加粗格式
4	Ctrl+C	复制选定区域
5	Ctrl+D	将当前单元格数据向下填充到选定区域
6	Ctrl+F	显示"查找"对话框
7	Ctrl+G	显示"定位"对话框
8	Ctrl+H	显示"替换"对话框
9	Ctrl+I	应用或取消文字倾斜格式
10	Ctrl+K	插入超级链接
11	Ctrl+N	新建一个工作薄
12	Ctrl+O	打开"打开"对话框
13	Ctrl+P	显示"打印"对话框
14	Ctrl+R	将当前单元格数据向右填充到选定区域
15	Ctrl+U	应用或取消文字下划线格式
16	Ctrl+V	粘贴选定区域
17	Ctrl+X	剪切选定区域
18	Ctrl+Z	撤消最后一次操作
19	F1	打开"帮助"对话框
20	F2	编辑活动单元格,并将插入点光标放到行末
21	F7	打开"拼写检查"对话框
22	F11	在新工作表中创建当前区域的图表

图 4-28 "文本转换成表格"样张

(4) 在"表1"的结尾处,插入"分节符"。

(5) 选中第2页的"表2"的标题,设置字体、颜色、字号及位置。

(6) 选中第2页表格,将表格转换成文本。

(7) 对第2页的内容进行修饰排版,样式参考图 4-29。

(8) 在第2页的末尾插入可自动更新的日期。

(9) 插入尾注,说明快捷键的功能。

(10) 为第2页添加页边框。

(11) 将文档进行保存。

表2·Word 2016 快捷键的说明

序号	快捷键	说明
1	Ctrl+A	选定整个文档
2	Ctrl+B	应用加粗格式
3	Ctrl+C	复制所选文本或对象
4	Ctrl+D	改变字符格式（"格式"菜单中的"字体"命令）
5	Ctrl+E	段落居中
6	Ctrl+F	查找文字、格式和特殊项
7	Ctrl+G	定位至页、书签、脚注、表格、注释、图形或其它位置
8	Ctrl+H	替换文字、特殊格式和特殊项
9	Ctrl+I	使字符变为斜体
10	Ctrl+J	两端对齐
11	Ctrl+L	左对齐
12	Ctrl+M	左侧段落缩进
13	Ctrl+N	创建与当前或最近使用过的文档类型相同的新文档
14	Ctrl+O	打开文档
15	Ctrl+P	打印文档
16	Ctrl+R	右对齐
17	7Ctrl+S	保存文档
18	Ctrl+T	创建悬挂缩进
19	Ctrl+U	为字符添加下划线
20	Ctrl+V	粘贴文本或对象
21	Ctrl+W	关闭文档
22	Ctrl+X	剪切所选文本或对象
23	Ctrl+Y	重复上一操作
24	Ctrl+Z	撤消上一操作
25	Ctrl+1	单倍行距
26	Ctrl+2	双倍行距
27	Ctrl+5	1.5·倍行距
28	Ctrl+Home	将光标定位到文档的开始位置
29	Ctrl+End	将光标定位到文档的结束位置
30	Alt+Ctrl+N	切换到普通视图
31	Alt+Ctrl+O	切换到大纲视图
32	Alt+Ctrl+P	切换到页面视图

2022 年 7 月 31 日

快捷键即热键，就是键盘上某几个特殊键组合起来完成一项特定的操作，比如 Alt+Ctrl+Del，在 Windows 下可以打开任务管理器。如果系统中有热键冲突，可以将其中的一个热键更改成别的热键，很多情况下，热键可以大大提高计算机的操作效率。

图 4-29　"表格转换成文本"样张

实验步骤

1. 打开文件

打开"表格.doc"文件,如图 4-26 和图 4-27 所示。

2. 选中第 1 页文本,将文本转换成表格,并设置为"自动套用格式"的"网页型 2"格式

步骤一:选中原文中的第 1 页文本(除第一行的标题外),打开"插入"→"表格",单击"文本转换为表格(V)…"命令,弹出如图 4-30 所示的"将文字转换成表格"对话框,将对话框中的"列数"数值框中的数据设置为"3",选中"文字分隔位置"选项组中的"制表符"单选按钮,单击"确定"按钮,得到一个 23 行 3 列的表格。

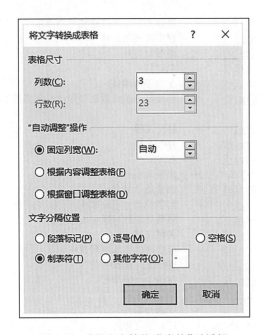

图 4-30 "将文字转换成表格"对话框

步骤二:将鼠标指针移到表格左上角的位置,当鼠标变成十字型的双向箭头时单击,选中整个表格,单击"表格工具"→"表设计"选项卡,在"表格样式"分组中单击"其他▼"按钮,在下拉菜单中单击"修改表格样式(M)…",打开"修改样式"对话框,如图 4-31 所示,单击"样式基准"后面的下拉按钮,从中选择"网格型 2"样式,将表格方框设置为双线框,"将格式应用于"后面选择"整个表格",单击"确定"按钮。

步骤三:选中表格,单击"表格工具"→"布局"选项卡,在"表"分组中单击"属性",弹出如图 4-32 所示的"表格属性"对话框,将"对齐方式"设置为"居中",单击"确定"按钮。

步骤四:将鼠标移到表格中的线框处,当鼠标指针变成水平或者是垂直方向的双向箭头时,按下鼠标左键,左右或是上下拖动,可以适当调整表格的列宽或者行高。

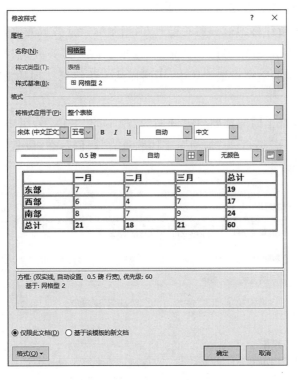

图 4-31　"修改样式"对话框

图 4-32　"表格属性"对话框

3. 设置"表 1"标题及表格内的文字格式

步骤一:将鼠标指针移到第一列的正上方,当鼠标指针变成垂直向下的黑色箭头时,单击,选中这一列,单击"表格工具"→"布局"选项卡,在"对齐方式"分组中单击"水平居中"按钮,将第一列中的文字设置为居中,用同样的方法将第二列的文字也设置成居中显示方式。

步骤二:选中表格上面的标题,在"开始"选项卡的"字体"分组中,将字体设置为"华文新魏",字号为"三号",字形为"加粗",字体颜色为"蓝色",在"段落"分组中单击"居中"按钮,如图 4-33 所示。

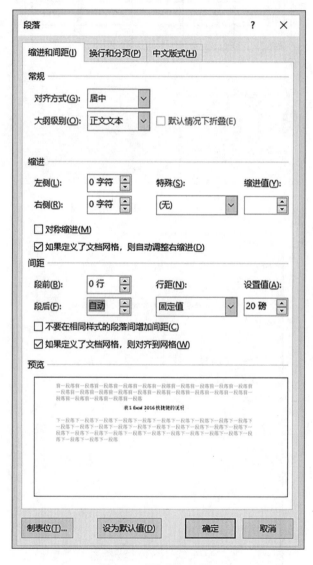

图 4-33　"段落"对话框

步骤三：选中标题，单击"开始"选项卡中"段落"分组中右下角的箭头图标，打开"段落"对话框，在"间距"选项组中将"段前"设置为"0 行"，"段后"设置为"自动"，单击"确定"按钮，如图 4-33 所示。

4. 在"表 1"的结尾处，插入"分节符"

步骤一：将光标定位到"表 2"的标题最前面，单击"布局"选项卡，在"页面设置"分组中单击"分隔符"，单击"分节符"选项组中的"下一页"，如图 4-34 所示。

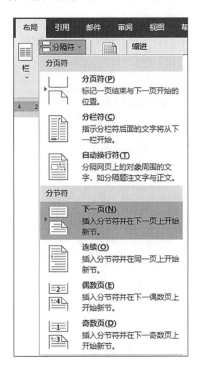

图 4-34 "分隔符"列表

步骤二：插入"分节符"后的效果，如图 4-35 所示。

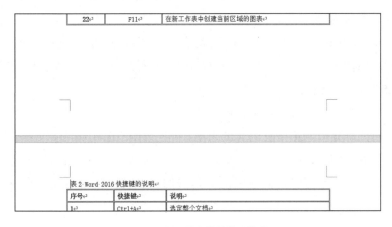

图 4-35 插入"分节符"后的效果

5. 选中第 2 页的"表 2"的标题,设置字体、颜色、字号及位置

步骤一:选中第 2 页的"表 2"的标题文字,在"开始"选项卡的"字体"分组中,将字体设置为"华文新魏",字号为"三号",字形为"加粗",字体颜色为"蓝色"。

步骤二:选中第 2 页的"表 2"的标题文字,在"段落"分组中单击"居中"按钮,单击"开始"选项卡中"段落"分组中右下角的箭头图标,打开"段落"对话框,在"间距"选项组中将"段前"设置为"0 行","段后"设置为"自动",单击"确定"按钮。

6. 选中第 2 页表格,将表格转换成文本

步骤一:将第 2 页表格选中(除"表 2"的标题外),单击"表格工具"→"布局",在"数据"分组中单击"转换为文本"按钮,弹出"表格转换成文本",如图 4-36 所示。

图 4-36 "表格转换成文本"对话框

步骤二:在"文字分隔符"选项组中单击"制表符"单选按钮,单击"确定"按钮,即可将原有的表格转换成用制表符来作为间隔的文本。

7. 对第 2 页的内容进行修饰排版

步骤一:选定第 2 页中刚刚由表格转换成文本后的内容,在"字体"分组中设置字体样式为"宋体",字号为"小四"。

步骤二:单击"开始"选项卡中"段落"分组右下角的箭头图标,打开"段落"对话框,在"间距"选项组中将"段前"和"段后"都设置成"0 行","行距"设置为"固定值","设置值"为"16 磅",单击"确定"按钮,样式请参考图 4-29。

8. 在第 2 页的末尾插入可自动更新的日期

步骤一:将光标定位到第 2 页内容的末尾,单击"插入"选项卡,在"文本"分组中单击"日期和时间",弹出"日期和时间"对话框,如图 4-37 所示。

步骤二:在"日期和时间"对话框中的"语言(国家/地区)"下拉列表中选择"中文(中国)"选项,在"可用格式"的下拉列表中选择"2022 年 7 月 31 日"的格式,选中"自动更新"复选框,单击"确定"按钮。

图 4-37　"日期和时间"对话框

步骤三:将光标定位到日期的前面,在"开始"选项卡的"段落"分组中单击"右对齐"图标,使得日期在这一行的靠右端。

9. 为第 2 页"快捷键"字符处插入尾注,内容为原文的最后一段文字

步骤一:将光标定位到第 2 页日期的结束位置,单击"引用"选项卡,在"脚注"分组中单击右下角的箭头图标,弹出"脚注和尾注"对话框,如图 4-38 所示。

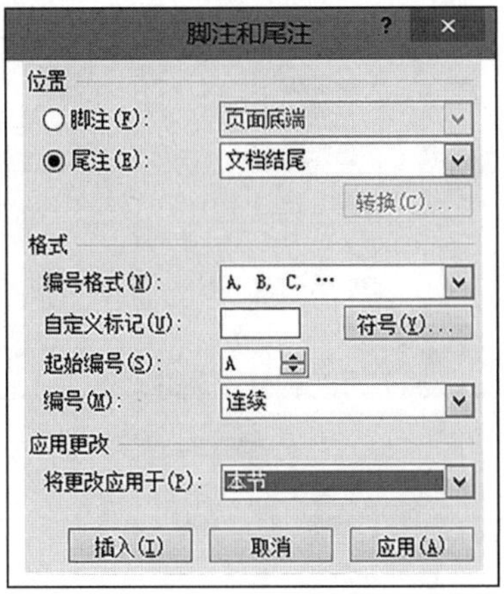

图 4-38　"脚注和尾注"对话框

步骤二:在"位置"选项组中选择"尾注"单选按钮,在"尾注"下拉列表中选择"文档结尾",在"格式"选项组中的"编号格式"下拉列表中选择"A,B,C,…"选项,在"应用更改"

选项组中的"将更改应用于"下拉列表中选择"本节",单击"插入"按钮。

步骤三:选定第 2 页原文中的最后一段文字,右键单击,在弹出的快捷菜单中单击"剪切",再在刚刚插入尾注的文档最后单击尾注处,利用"Ctrl＋V"将文字进行粘贴。

步骤四:选中尾注中的文字,在"开始"选项卡的"字体"分组中,将字体设置为"宋体",字号为"小五号"。

10. 为第 2 页添加页边框

步骤一:单击"设计"选项卡,在"页面背景"分组中单击"页面边框",弹出"边框和底纹"对话框。

步骤二:在"边框和底纹"对话框中选择"页面边框"选项卡,然后在"艺术型"下拉列表中选择一种艺术边框,设置"宽度"为"10 磅","应用于"设置为"本节",如图 4-39 所示。

步骤三:单击"选项"按钮,弹出"边框和底纹选项"对话框,如图 4-40 所示,在"边距"选项组中将上、下、左、右边距都设置成"1 磅",在"测量基准"项的下拉列表中选择"文字"选项,在"选项"选项组中勾选"总在前面显示"复选框,单击"确定"按钮。

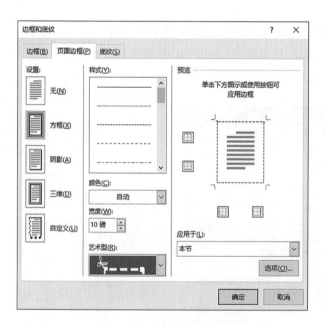

图 4-39 "边框和底纹"对话框

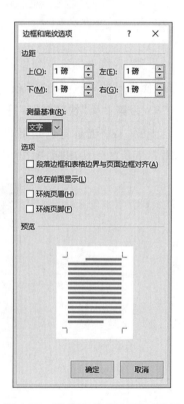

图 4-40 "边框和底纹选项"对话框

11. 保存

将文档进行保存。

操作技巧

（1）设置表格格式，可以通过"表格工具"中的"设计"和"布局"选项卡中的各种按钮快速实现，也可以选择"插入"选项卡→"表格"下拉列表中的相关命令，绘制表格，插入表格，完成对表格格式的快速设置。

（2）合并单元格。同时选定如第1列中第2个和第3个单元格，选择"表格工具"→"布局"→"合并单元格"命令，即可实现合并单元格的操作。也可以右键单击所选对象，在弹出的快捷菜单中选择"合并单元格"命令。

（3）在表格中插入一列或多列，右键单击所选的列对象，在弹出的快捷菜单中选择"插入列"命令。单击"布局"选项卡中的"在左侧插入"或是"在右侧插入"按钮，即可插入一列，插入行与插入列的操作相同。

（4）平均分布各列。选定整张表格，右键单击，在弹出的快捷菜单中可以选择"平均分布各行"或"平均分布各列"，可以实现平均分布各行或各列。

（5）设置行高和列宽。选定整张表格，右键单击，单击"表格属性"命令，在弹出的"表格属性"对话框中选择"行"选项卡，在"指定高度"数值框中输入"0.6厘米"，如图4-41所示，也可以精确设置列宽值。

图4-41　"表格属性"对话框

实验 4　图书销售情况统计表的制作

实验要求

为了使 Word 文档中的数据表示的简洁、明了、形象,使用表格处理技术是最好的选择,在本次实验中,将进行基本的排版,着重运用表格及图表来突出文章的内容。将图 4-42 的文字和表 4-1 的数据排成图 4-43 所示的形式,在实验过程中,期望读者掌握以下操作技能:

计算机行业书籍销量
计算机类图书,在卓越上有销售记录的,就有4万多种,经管类的图书有 8 万多种,这是一个庞大的数据量,现在的图书销售,整体销量越来越高,单本的销售量越来越低。
卓越上,计算机类的图书,每天有 20 本的销量,就能够保持当日销售量的第一名。
全国有很多家书店,一个品种的书,在一个书店里,一天能够保证一本的销售量,就算很不错的了。

图 4-42　计算机行业书籍销量原文

表 4-1　计算机书籍销售报表

项目	星期一	星期二	星期三	星期四	星期五
计算机网络	120	101	204	168	173
计算机导论	100	98	120	86	75
多媒体技术	200	185	160	205	193
Office 2016 教程	488	321	230	385	367
Excel 2016 教程	102	90	81	128	110
Word 2016 教程	268	198	179	158	185
PowerPoint 2016 教程	58	43	39	56	47
Windows 10 教程	334	286	329	348	378
Access 2016 教程	86	80	79	63	58

(1) 掌握表格的建立及内容的输入方法。

(2) 掌握表格的编辑和格式化方法与技巧。

(3) 掌握表格的计算及排序方法。

(4) 掌握由表格生成图表的操作方法。

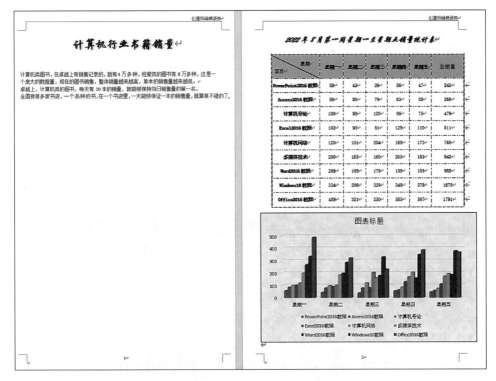

图 4-43　计算机行业书籍销量样张

实验内容

（1）启动 Word 2016，建立空文档，录入图 4-42 所示计算机行业书籍销量原文文档。

（2）设置文档标题字体为华文行楷，字号小一，加粗，居中对齐，加字符底纹。

（3）设置正文各段字体为楷体，字号小四，阴影效果。

（4）设置正文各段字符间距加宽为 0.3 磅。

（5）设置正文各段首行缩进 2 字符，左右缩进 0.5 厘米，行距固定值 13 磅。

（6）在正文下方输入表格名称"2022 年 8 月第一周星期一至星期五销量统计表"。设置表格名称"2022 年 8 月第一周星期一至星期五销量统计表"字体为华文行楷，字号三号、加粗、倾斜并居中。

（7）在表格名称下方建立 10 行 6 列的空表格。

（8）在表格中输入表 4-1 中的数据。

（9）在表格右侧添加一列，标题为"总销量"。

（10）设置表格行和列标题字体为宋体，字号五号，字体样式为加粗；所有数据字体为宋体，字号五号。

（11）设置表格内容对齐方式为水平方向居中，垂直方向也居中。

（12）调整表格的宽度和高度。

（13）在表格左上角单元格内加入斜线表头，行标为"星期"列标为"项目"。

（14）以"星期一"列为依据，进行递增排序。

（15）利用公式对每种书籍的"总销量"求和。

（16）对表格进行简单的修饰：设置表格的边框线，设置单元格的底纹。

（17）设置整篇文档页边距（上、下为 2.6 厘米；左、右为 3.2 厘米）。

（18）在页眉居右位置输入"创建和编辑表格"，页脚居中输入页码。

（19）依据表格数据生成三维簇状柱形图。

（20）将文档进行保存。

实验步骤

1. 启动 Word 2016，建立空文档

录入图 4-42 所示的文档，注意录入时，每一个段落的开始都是顶格输入。

2. 设置文档标题字体为华文行楷，字号小一，加粗，居中对齐，加字符底纹

步骤一：选定文档标题，在"开始"选项卡的"字体"分组中，将字体设置为"华文行楷"，字号为"小一"，字形为"加粗"，单击带有灰色底纹的"A"按钮，给标题添加灰色底纹。

步骤二：选中标题文字，在"段落"分组中单击"居中"按钮，设置后的效果如图 4-44 所示。

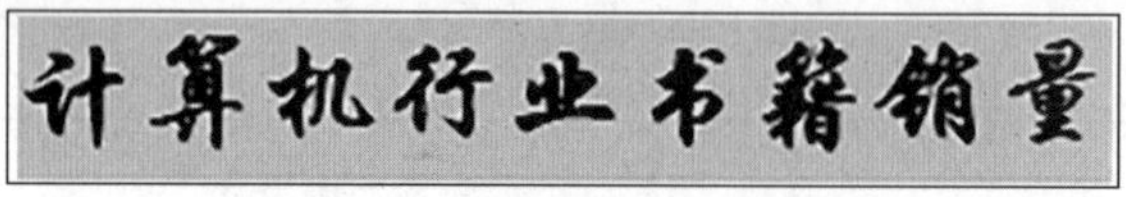

计算机行业书籍销量

图 4-44 设置后的标题效果

3. 设置正文各段字体为楷体，字号小四，阴影效果

步骤一：选定正文文本，在"开始"选项卡的"字体"分组中，将字体设置为"楷体"，字号为"小四"，再在分组区右下角的位置单击向下的箭头，弹出"字体"对话框。

步骤二：在"字体"对话框中单击"文字效果"按钮，并使用相应的功能进行设置对应的效果，如图 4-45 所示。

图 4-45 "设置文本效果格式"对话框

步骤三:单击"阴影"选项,选择"阴影选项"功能,在"预设"中的"外部"选项组中选择"向右偏移","颜色"项中设置为"25％的灰色","透明度"为"60％","大小"为"100％","模糊"为"5磅","角度"为"0度","距离"为"8磅"。

4. 设置正文各段字符间距加宽为0.3磅

步骤一:选定正文文本,在"开始"选项卡的"字体"分组中,单击右下角的箭头图标,弹出"字体"对话框。

步骤二:在"字体"对话框中单击"高级"选项卡,在"间距"下拉列表中选择"加宽"选项,"磅值"设置"0.3磅",单击"确定"按钮,如图4-46所示。

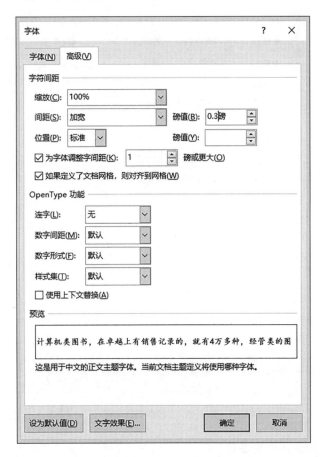

图4-46 设置字符间距

5. 设置正文各段首行缩进2字符,左右缩进0.5厘米,行距固定值13磅

步骤一:选定正文文本。

步骤二:单击"开始"选项卡,在"段落"分组中右下角处单击箭头小图标,弹出"段落"对话框。

步骤三:在"段落"对话框中单击"缩进和间距"选项卡,在"缩进"选项组中,分别在"左侧"和"右侧"后面的文本框中输入"0.5厘米",在"特殊"选项组的下拉列表中选择"首

计算机应用基础教程 (Windows 10+Office 2016) >>>>>

行"选项,"缩进值"设置为"2字符",在"行距"选项组的下拉列表中选择"固定值","设置值"为"13磅",单击"确定"按钮,如图4-47所示。

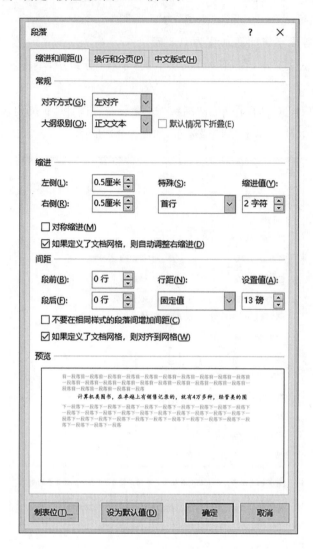

图 4-47 "段落"对话框

6. 在正文下方输入表格名称

设置表格名称"2022年8月第一周星期一至星期五销量统计表"字体为华文行楷,字号三号、加粗、倾斜并居中。

步骤一:在文档的后面一行顶格输入"2022年8月第一周星期一至星期五销量统计表"。

步骤二:选定标题文字,在"开始"选项卡下面的"字体"分组中将"字体样式"设置为"华文行楷","字号"设置为"三号",字形设置为"加粗"和"倾斜",在"段落"分组中单击"居中"图标。

7. 在表格名称下方建立10行6列的空表格

步骤一：单击"插入"选项卡下的"表格"，在"表格"下拉列表中单击"插入表格(I)…"，弹出"插入表格"对话框，如图4-48所示。

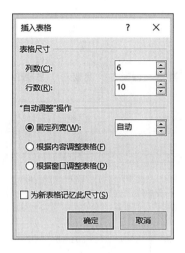

图 4-48 "插入表格"对话框

步骤二：在"表格尺寸"选项组中设置"列数"为"6"，"行数"为"10"，单击"确定"按钮。

8. 输入数据

在表格中输入表 4-1 中的数据。

9. 在表格右侧添加一列，标题为"总销量"

步骤一：选定表格的最后一列。

步骤二：单击"表格工具"→"布局"选项卡，在"行和列"的分组中单击"在右侧插入"选项。

步骤三：在添加列的最上方的单元格中输入"总销量"。

10. 设置表格行和列标题字体为宋体，字号五号，字体样式为加粗；所有数据字体为宋体，字号五号

步骤一：分别选定表格的第一行和第一列，在"字体"分组中将"字体"设置为"宋体"，"字号"为"五号"，"字体样式"为"加粗"。

步骤二：选定所有的数据区域，在"字体"分组中将"字体"设置为"宋体"，"字号"为"五号"。

11. 设置表格内容对齐方式为水平方向居中，垂直方向也居中

步骤一：选定整个表格。

步骤二：选择"表格工具"选项卡，在"布局"功能中，单击"对齐方式"中的 ▤ 按钮。

12. 调整表格的宽度和高度

步骤一：选定整个表格。

步骤二：将鼠标指针移动到表格右下角的控制点上，当鼠标指针变成双向箭头时，按下鼠标左键,拖动鼠标调整整个表格的大小。

步骤三:将鼠标指针移动到第一个单元格右侧的边框线上,拖动鼠标调整该单元格的宽度;将鼠标指针移动到每一个单元格底端的边框线上,拖动鼠标调整该单元格的高度。调整后的表格如图 4-49 所示。

项目 \ 星期	星期一	星期二	星期三	星期四	星期五	总销量
PowerPoint 2016 教程	58	43	39	56	47	
Access 2016 教程	86	80	79	63	58	
计算机导论	100	98	120	86	75	
Exce 12016 教程	102	90	81	128	110	
计算机网络	120	101	204	168	173	
多媒体技术	200	185	160	205	193	
Word 2016 教程	268	198	179	158	185	
Windows 10 教程	334	286	329	348	378	
Office 2016 教程	488	321	230	385	367	

图 4-49　调整后的表格

13. 在表格左上角单元格内加入斜线表头,行标为"星期"列标为"项目"

步骤一:将光标移动到左上角第一个单元格的底端,当鼠标指针呈双向箭头时,向下拖动鼠标,保持至少原来 2 倍的高度。

步骤二:单击"表格工具"→"表设计"选项卡,在"表格样式"分组中单击"边框"下拉列表中的"斜下框线(W)"。

步骤三:在第一个单元格中输入"星期",按下键盘上的"Enter"键,输入"项目",借助空格键调整表头的样式,如图 4-50 所示。

14. 以"星期一"列为依据,进行递增排序

步骤一:将光标定位于表格的任意单元格中。

步骤二:单击"表格工具"→"布局",在"数据"分组中单击"排序"图标,弹出"排序"对话框,如图 4-51 所示。

步骤三:在"排序"对话框中的"主要关键字"下拉列表中选择"星期一"选项,"类型"的下拉列表中选择"数字"选项,单击"升序"单选按钮,单击"确定"按钮。

星期 项目	星期一	星期二	星期三	星期四	星期五	总销量
计算机网络	120	101	204	168	173	
计算机导论	100	98	120	86	75	
多媒体技术	200	185	160	205	193	

2022年8月第一周星期一至星期五销量统计表

图 4-50　加入斜线表头后的效果

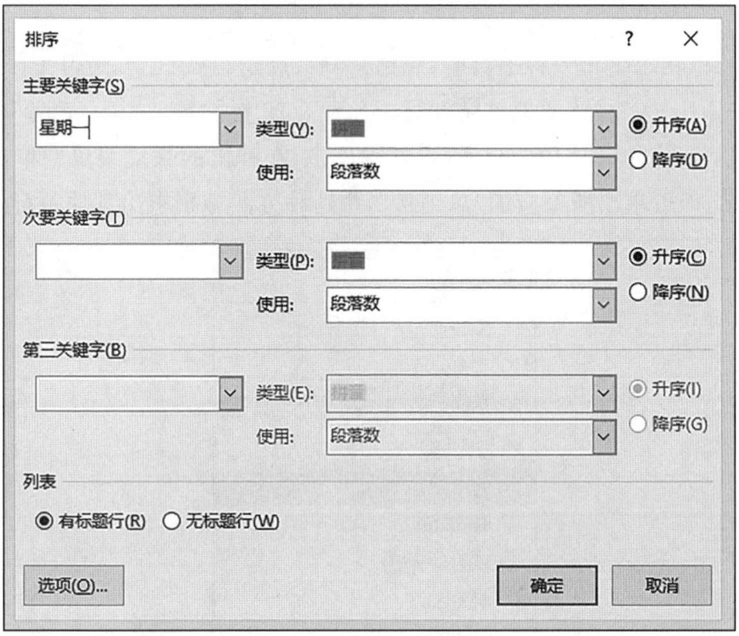

图 4-51　"排序"对话框

15. 利用公式对每种书籍的"总销量"求和

步骤一：将光标定位于"总销量"标题下面的每一个单元格。

步骤二：单击"表格工具"→"布局"，在"数据"分组中单击"公式"图标，弹出"公式"对话框，如图 4-52 所示。

步骤三：在"公式"对话框中，输入公式"＝SUM(LEFT)"(或输入公式"＝SUM(B2：H2)")，单击"确定"按钮。

步骤四：用以上对应的步骤分别求出每一种书籍的"总销量"。注意：每次公式中的参数应该是"LEFT"或是"B3：H3、…B10：H10(数字部分应该与行数相对应)"，单击"确

图 4-52 "公式"对话框

定"按钮。也可以在求出每一种书籍的"总销量"后,选定"总销量",使用"Ctrl+C"将其复制,然后利用"Ctrl+V"将该数值粘贴到第3行至第10行的每一个"总销量"的单元格中,单击第3行最后一个单元格中的数字,再右键单击,在弹出的快捷菜单中单击"更新域",如图 4-53 所示,即可求出所对应的"总销量",用这种方法分别求出其他各行的"总销量"。

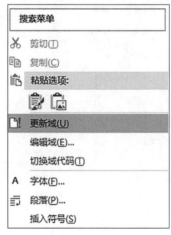

图 4-53 "更新域"的使用

16. 对表格进行简单的修饰:设置表格的边框线,设置单元格的底纹

步骤一:选下整个表格。

步骤二:单击"表格工具"→"表设计",在"表格样式"分组中的"边框"下拉列表中单击"边框和底纹(O)…"选项,弹出如图 4-54 所示的"边框和底纹"对话框。

步骤三:在"边框和底纹"对话框中单击"边框"选项卡,在"设置"项中单击"自定义",选择如图 4-54 中的边框样式,"颜色"为黑色,"宽度"为"3.0 磅",在"预览"选项组中分别双击上边框、下边框、左边框、右边框。再选择内边框"样式",如图 4-55 所示,"颜色"为黑

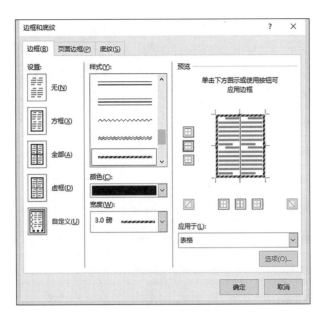

图 4-54 "边框和底纹"对话框

色,"宽度"为"0.5 磅",在"预览"选项组中分别双击内部横框线、内部竖框线,"应用于"下拉列表中选择"表格",单击"确定"按钮。

图 4-55 内边框的设置

步骤四:选定表格的第一行,单击"表格工具"→"表设计",在"表格样式"分组中的"底纹"下拉列表中选择"白色,背景 1,深色 25%"的颜色块,修饰后的表格效果如图 4-56 所示。

星期 项目	星期一	星期二	星期三	星期四	星期五	总销量
PowerPoint 2016 教程	58	43	39	56	47	243
Access 2016 教程	86	80	79	63	58	366
计算机导论	100	98	120	86	75	479
Exce 12016 教程	102	90	81	128	110	511
计算机网络	120	101	204	168	173	766
多媒体技术	200	185	160	205	193	943
Word 2016 教程	268	198	179	158	185	988
Windows 10 教程	334	286	329	348	378	1675
Office 2016 教程	488	321	230	385	367	1791

图 4-56 修饰后的表格效果

17. 设置整篇文档页边距(上、下为 2.6 厘米;左、右为 3.2 厘米)

步骤一:打开窗口"布局"选项卡,单击"打印"→"页面设置"→"页边距",点击"自定义页边距",弹出"页面设置"对话框。

步骤二:单击"页边距"选项卡,将上下页边距设置为"2.6 厘米";左右页边距设置为"3.2 厘米","应用于"设置为"整篇文档",单击"确定"按钮。

18. 在页眉居右位置输入"创建和编辑表格",页脚居中输入页码

步骤一:单击"插入"选项卡,在"页眉和页脚"分组中单击"页眉"下拉按钮,选择"编辑页眉(E)"命令,进入"页眉和页脚"编辑状态。

步骤二:将光标定位到页眉位置,输入"创建和编辑表格",单击"开始"选项卡,在"段落"分组中单击"右对齐 ≡"图标按钮。

步骤三:单击"页眉和页脚工具",在"导航"选项卡中单击"转至页脚"图标按钮,将光标切换到页脚,在"页眉和页脚"分组中单击"页码"下拉按钮,选择"页面底端"→"普通数字 2",即可在页脚处添加居中的页码。

步骤四:单击"页眉和页脚工具"最右端的"关闭页眉和页脚"按钮。

19. 依据表格数据生成三维簇状柱形图

步骤一:将光标定位到表格下边一行的开始位置,单击"插入"选项卡,在"插图"分组中单击"图表"选项,弹出"插入图表"对话框,如图 4-57 所示。

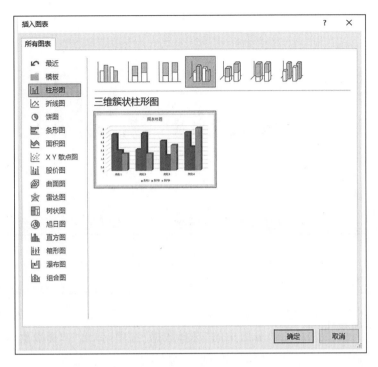

图 4-57　"插入图表"对话框

步骤二:在左边选定"柱形图",从右边的"柱形图"选项中选择"三维簇状柱形图",单击"确定"按钮,此时会在 Word 文档的右边生成一个新的 Excel 表格,在 Word 文档的光标处生成一个图表。

步骤三:将鼠标移动到 Excel 表中默认数字区域右下角的蓝色小图标处,当鼠标指针变成斜方向的双向箭头时,按下鼠标左键框定 10 行 6 列的区域。然后将 Word 文档中除了表头和"总销量"列以外的数据全部粘贴到刚才框定的区域中,如图 4-58 所示。

	A	星期一	星期二	星期三	星期四	星期五
1						
2	PowerPoint 2016教程	58	43	39	56	47
3	Access 2016教程	86	80	79	63	58
4	计算机导论	100	98	120	86	75
5	Exce l2016教程	102	90	81	128	110
6	计算机网络	120	101	204	168	173
7	多媒体技术	200	185	160	205	193
8	Word 2016教程	268	198	179	158	185
9	Windows 10教程	334	286	329	348	378
10	Office 2016教程	488	321	230	385	367

图 4-58　Excel 表中的数据

步骤四：此时 Word 文档中的图表，如图 4-59 所示。

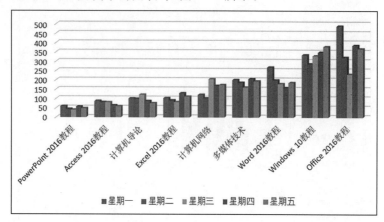

图 4-59　表格生成图表后的效果图

步骤五：单击"图表工具"→"设计"选项卡，在"数据"分组中单击"切换行/列"可以完成行与列内容的切换。注意：如果提前关闭了 Excel 表，此时的"切换行/列"图标则是灰色不可执行的状态，只需单击该分组中的"选择数据"选项，弹出"选择数据源"对话框，如图 4-60 所示，单击"切换行/列"按钮，也可以完成行与列内容的切换。

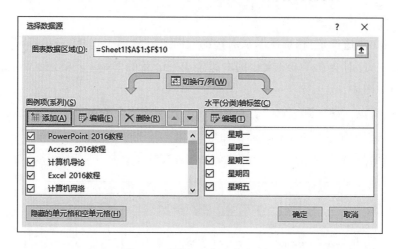

图 4-60　"选择数据源"对话框

步骤六：单击图表背景白色区域，右键单击，在弹出的快捷菜单中选择"设置背景墙格式(F)…"，弹出"设置图表区格式"对话框，如图 4-61 所示。在"填充"项的"纹理"选项后的下拉列表中选择"羊皮纸"样式。

步骤七：拖动滚动条，点击"边框"功能，如图 4-62 所示，将"边框"设置为"实线"，"颜色"为"黑色"，单击"关闭"按钮。

20. 保存

将文档进行保存。

图 4-61 "设置图表区格式"对话框

图 4-62 边框设置

操作技巧

（1）在表格末尾快速添加一行。

将光标定位到表格最后一行最后一个单元格，然后按"Tab"键；或将光标定位到表格最后一行外的段落标记处，然后按"Enter"键。

（2）表格中光标顺序移动的快捷键。

步骤一：移动到下一个单元格的快捷键"Tab"。

步骤二：移动到上一个单元格的快捷键"Shift＋Tab"。

（3）表格中公式的使用。

步骤一：如果单元格中显示的是大括号和代码（例如，{＝SUM(LEFT)}）而不是实际的求和结果，则表明 Word 正在显示域代码。要显示域代码的计算结果。请按"Shift＋F9"组合键。相反的如果想查看域代码，也可按"Shift＋F9"组合键。

步骤二：如果在域代码中对公式进行了修改，则按"F9"键可对计算结果进行更新。

步骤三：如果在表格中进行算术运算，公式中的加法符号为"＋"，减法符号为"－"，乘法符号为" ＊ "，除法符号为"/"，乘方表示方法为"5^3"，意思是 5 的 3 次方，在"公式"文本框中输入计算公式，等号"＝"不可缺少，在括号内指定计算范围，指定单元格用字母加数字的形式表示。A、B、C、…表示第一列、第二列、第三列……；1、2、3、…表示第一行、第二行、第三行……。指定的单元格若是独立的，则用逗号分开其代码；若是一个范围，只输入其第一个和最后一个单元格的代码，两者之间用冒号隔开。

步骤四：如果选定的单元格位于一列数字的底端，建议采用公式"＝SUM(ABOVE)"进行计算。

步骤五：如果选定的单元格位于一行数值的右端，建议采用公式"＝SUM(LEFT)"进行计算。

实验 5　邮件合并的应用

在实际工作中,经常会遇到需要同时给多人发信的情况,例如:生日邀请、节日问候、成绩通知单或者单位写给客户的信件等。为简化这一类文档的创建工作,提高工作效率。Word 提供了邮件合并的功能。本次实验以制作一个成绩通知单为例来说明这一功能。

实验要求

将如图 4-63 所示的成绩单原文配合表 4-2 成绩表中的数据,利用 Word 中的邮件合并功能生成如图 4-64 所示的每位学生的成绩单。在实验过程中,期望读者掌握以下操作技能:

图 4-63　成绩单文档

（1）掌握 Word 文档中建立数据源的方法。

（2）掌握主文档的建立方法。

（3）了解并学会使用邮件合并功能。

表 4-2　成绩表

姓名	性别	大学语文	大学英语	计算机基础	高等数学	总分
杨妙琴	女	65	70	95	73	303
周凤连	男	42	60	88	66	256
白庆辉	男	71	46	78	79	274
张小静	女	99	75	80	95	349
郑敏	女	88	78	78	98	342
文丽芬	女	69	93	78	43	283

续表

姓名	性别	大学语文	大学英语	计算机基础	高等数学	总分
赵文静	女	65	96	85	31	277
王艳平	女	98	47	99	79	323
刘显森	男	86	96	87	74	343
黄小惠	女	81	76	79	85	321
黄斯华	女	47	94	60	94	295
李平安	男	77	91	51	56	275
彭秉鸿	男	87	72	69	62	290
吴文静	女	75	92	79	62	318
何军	男	77	83	58	91	309
郑淑贤	女	88	74	67	38	267
曾丝华	女	70	49	81	57	257
罗远方	女	35	72	68	90	265
何湘萍	女	78	81	53	95	307
黄莉	女	91	68	89	94	342

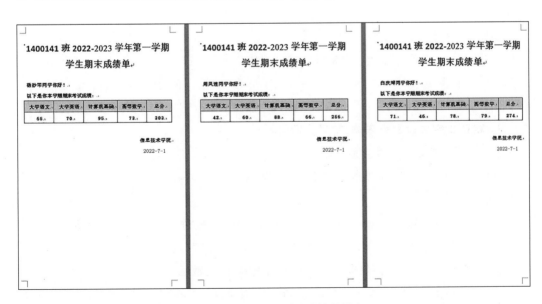

图 4-64 邮件合并后的成绩单样张

实验内容

（1）启动 Word，建立空文档，录入并保存如图 4-63 所示原文所给出的文档，以作为主文档。

（2）将"1400141 班 2022-2023 学年第一学期学生期末成绩单"设置为标题 1 样式并且居中。

（3）将正文字体设置为宋体，字号为四号。

（4）建立空文档，录入并保存表 4-2 所示的表格，作为数据源。

（5）将表格中的文字靠下居中对齐；设置表标题字体为隶书并且加粗，底纹为灰色—15％。

（6）使用邮件合并功能对主文档和数据源建立关联。

（7）在主文档中插入合并域。

（8）生成每位学生的成绩单，并作为新文件保存。

实验步骤

1. 启动 Word，建立空文档，录入并保存如图 4-63 所示原文所给出的文档，以作为主文档

步骤一：启动 Word。选择"开始"菜单→"程序"→"Word 2016"。

步骤二：启动 Word 时，自动建立一个文件名为"文档 1"的空文档。

步骤三：在"文档 1"中录入"成绩单"原文的内容。

2. 将"1400141 班 2022-2023 学年第一学期学生期末成绩单"设置为标题 1 样式并且居中

步骤一：选定文档中的标题。

步骤二：单击"开始"选项卡，在"样式"分组中单击"标题 1"样式，在"字体"分组中将"字体样式"设置为"宋体"，"字号"为"一号"，字形为"加粗"，在"段落"分组中单击"居中"图标。

3. 将正文字体设置为宋体，字号为四号

步骤一：选定文档中的正文部分。

步骤二：单击"开始"选项卡，在"字体"分组中将"字体样式"设置为"宋体"，"字号"为"四号"。

步骤三：单击"文件"选项卡→"保存"，在保存位置中选择"桌面"，文件名取为"成绩单主文档"，保存类型为"Word 文档（*.docx）"，单击"保存"按钮。

4. 建立空文档，录入并保存表 4-2 所示的表格，作为数据源

步骤一：单击"文件"选项卡→"新建"，在"可用模板"中选择"空白文档"，然后单击右边的"创建"按钮，即可创建一个新的空白文档。

步骤二：单击"插入"→"表格"，在下拉菜单中单击"插入表格…"，创建一个 21 行 7

列的表格。

步骤三:输入表4-2中成绩单数据。

5. 将表格中的文字靠下居中对齐;设置表标题字体为隶书并且加粗,底纹为灰色—15%

步骤一:选定整个表格。

步骤二:右键单击选定区域,在弹出的快捷菜单中选择"表格属性",选择"🔲靠下"按钮。

步骤三:选定表格第一行的文字,单击"开始"选项卡,在"字体"分组中将"字体样式"设置为"隶书","字形"为"加粗"。

步骤四:选定表格第一行,在"开始"选项卡中,找到"段落"页面的"边框"功能,在弹出菜单中选择"边框和底纹",在新菜单中选择"底纹"选项卡,如图4-65所示。在"图案"选项组中,选中"样式"下拉列表中的"15%",应用于"文字",单击"确定"按钮。

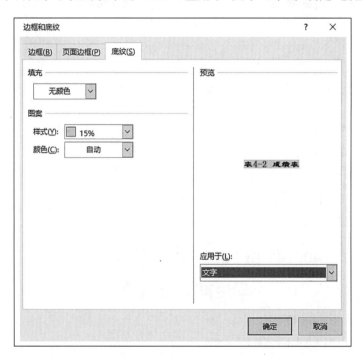

图4-65 "边框和底纹"对话框

步骤五:单击"文件"选项卡→"保存",在保存位置中选择"桌面",文件名取为"成绩单",保存类型为"Word文档(＊.docx)",单击"保存"按钮,关闭此文档。

6. 使用邮件合并功能对主文档和数据源建立关联

步骤一:打开"成绩单文档.docx"文档。

步骤二:单击"邮件"选项卡,在"开始邮件合并"分组中单击"选择收件人"下拉列表中的"使用现有列表(E)…"选项,弹出"选取数据源"对话框,如图4-66所示。单击左边

1

列表中的"桌面",从右边的列表中选择"成绩单.docx"文档,单击"打开"按钮。

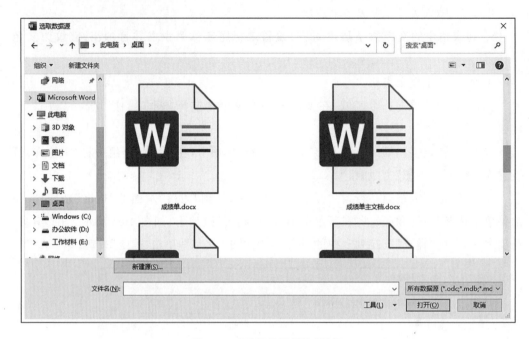

图 4-66 "选取数据源"对话框

7. 在主文档中插入合并域

步骤一:将光标定位到"同学你好"前面,在"编写和插入域"分组中打开"插入合并域"的下拉按钮,单击"姓名"选项。

步骤二:再将光标分别定位到需要填入数据的每一个单元格中,用上述方法分别插入每一个相对应的选项,得到如图 4-67 所示的效果。

图 4-67 插入合并域后的主文档

步骤三:选定主文档中的"个人成绩单",右键单击,单击"单元格对齐方式(G)"中的"水平居中"选项。

8. 生成每位学生的成绩单,并作为新文件保存

步骤一:单击"邮件"选项卡,在"完成"分组中打开"完成并合并"下拉列表,单击"编辑单个文档(E)…",弹出"合并到新文档"对话框,如图4-68所示。

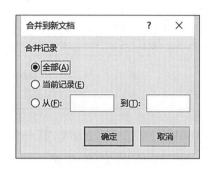

图 4-68 "合并到新文档"对话框

步骤二:在对话框中,单击"合并记录"选项组中的"全部"单选按钮,单击"确定"按钮。

步骤三:此时生成了一个新的 Word 文档,里面包含了每一位学生的成绩单,模板和主文档一样,每一份成绩单各成一页,单击"文件"选项卡→"保存",在保存位置中选择"桌面",文件名取为"信函",保存类型为"Word 文档(＊.docx)",单击"保存"按钮。

操作技巧

(1)邮件合并中的注意事项:

● 主文档中需要插入数据的区域不需要输入空格。

● 数据源文档中制作表格时,不要给表格制作标题。

(2)邮件合并中的省纸办法。

步骤一:在一页 A4 纸上显示两名学生的成绩单。在主文档中将插入域后的成绩单在同一页复制一份,调整两份成绩单中的行距和两份成绩单的间隔,将光标定位到两张成绩单中间一行的位置,单击"邮件"选项卡,在"编写和插入域"分组中单击"规则"下拉按钮,选择"下一记录"命令。

步骤二:插入下一记录后的效果,请注意两条记录中间的"《下一记录》"显示,表明一页纸可以打印两份成绩单。调整后的效果如图4-69所示。

步骤三:再将光标定位到第一份成绩单前面,在"完成"分组中的"完成并合并"下拉菜单中选择"编辑单个文档(E)…",弹出"合并到新文档"对话框,如图4-68所示。在"合并记录"选项组中选中"全部"单选按钮,点击"确定"命令。又一次生成一个新的文档,每页纸可以显示两位学生的成绩单。将该文档进行再一次保存,效果如图4-70所示。

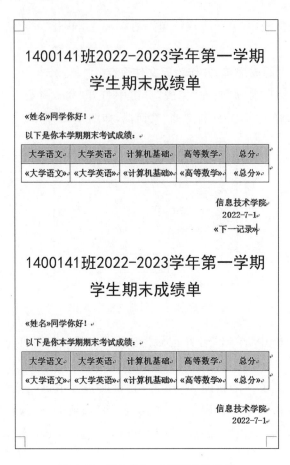

图 4-69　插入"下一记录"后的效果

图 4-70　每页纸显示两位学生的成绩单

实验6　制作个人简历

通过本次实验,不仅使学习者更加熟练地使用绘图工具的高级应用,以及表格的自动套用格式,还给学习者提供了一个书写个人简历的模板。

实验要求

制作个人简历:包括制作个性化的封面和简历中表格自动套用格式,制作后的样式如图4-71和图4-72所示。本实验将通过一系列基本操作,设计一份个人简历。在实验过程中,期望读者掌握以下操作技能:

(1)掌握绘制简单图形的方法以及修饰技巧。

(2)掌握插入文本框的方法以及修饰技巧。

(3)掌握添加水印的方法。

(4)掌握表格自动套用格式的使用方法。

图4-71　"个人简历"封面

2022 年信息工程系简历

应聘岗位：计算机助教

个人信息

姓名	张三	出生日期	2000.08	
政治面貌	共青团员	生源地	湖北恩施	
专业	计算机科学与	职务	校学生会组织部部	
英语等级	六级	计算机等级	三级	
普通话等级	一级乙等	电子邮箱	Zhangsan@qq.com	
电话	13112345678	QQ	123456789	

教育经历

2022/09一至今：信息工程系……计算机应用专业……硕士学位

2018/09—2022/07：信息工程系……计算机科学与技术……学士学位

奖励情况

2020/11：获信息工程系优秀研究生

2020/11：获信息工程系优秀研究生一等奖学金

2020/03：获信息工程系优秀研究生单项奖学金（社会活动奖）

2019/12：获信息工程系年度校园文化先进个人

2019/11：获信息工程系参与十一届运动会志愿服务先进志愿者

2017—2018：高中获国家励志奖学金（班级唯一获奖者）、市优秀毕业生（班级仅有两名获奖者之一）、信息工程系优秀毕业生（班级仅有两名获奖者之一）、信息工程系优秀学生干部、优秀团干部、优秀团员、三好学生、一级奖学金

2016—2017：获市优秀学生干部、优秀团干部、三好学生、一级奖学金

科研情况

科研项目：

参与第四批重点课程建设项目《多媒体教学资源设计与开发》，编号：YKC0099

责任描述：主要负责课程教学网站的版面设计及图片处理、效果制作。

论文：

1、《迁徙 PHOTOSHOP-CS4 内容识别比例功能》《照相机》　国家核心期刊……2020/12

2、《图像尺寸变换技巧》……《电脑开发与应用》……普通期刊……2021/03

3、《学做懒人轻松打造 HDR 效果》……《照相机》……国家中文核心期刊……2021/10

4、《一分钟快速修图体验》……《摄影与摄像》……中国摄影摄像类核心期刊……2021/11

实习经历

市第十三中学　　实习岗位：计算机老师　　　　时间：2021/10-2022/12

1、教授初中一年级信息技术课程，锻炼了自我教育教学能力，提高自我教学实践经验。

2、帮助该校计算机老师开展全国小学电脑制作活动作品的准备工作。

3、成功策划、组织并完成学校电子海报设计大赛。

教授英才学院学生全国和计算机二级 C 语言课程

1

课外活动

第十一届全国运动会赛会志愿者　　　地点：北京　　　时间：2021/04-2021/10

1、信息工程系传播学院百十名研究生申请者中唯一入选者，经过学校三次选拔脱颖而出。

2、服务网球比赛新闻媒体，优异表现获得记者的好评，并获得信息系参与十一运动会志愿服务先进志愿者。

3、曾被十一届全国运动会志愿者工作部指定媒体《市青年报》的"志愿风采"栏目报道。

自我评价

　　读研之前，我所学专业是计算机科学与技术。通过专业培养，能够熟练应用 office 软件；熟练应用 C 语言；利用 ASP 语言独立开发符合 WEB 标准的中小型网站，以及维护网站建设；熟悉计算机网络和网络安全知识，能够有效利用互联网资源。怀着对教师事业的热爱并将自己所学教于人的愿望，以及提升了自己的教育学、心理学知识水平，研究生阶段选择了计算机应用专业。希望自己可以将知识与能力更好的结合，时刻按照"款专业、厚基础、强能力、高素质"的标准去锻炼及发展自我。在校期间，认真学习计算机应用科学的基本理论和基础知识；掌握数学系统分析、设计、管理、评价的方法；具备计算机课件制作的基本能力；熟悉国家关于教育、计算机应用方面的有关方针、政策、法规；了解计算机应用理论前沿、应用前景和发展动态。

　　未来社会需要的是高素质复合型人才，因而我在学习基础课程之外，积极参加导师的课程项目，钻研摄影技巧，熟练运用 Photoshop 软件进行图片处理、设计，并把自己的设计技巧与经验议论文的形式发表于国家中文核心期刊《摄影与摄像》同时还参与了北京市科学技术协会组织的北京市科技全运成果展展板设计，使自己的设计水平和经验得到提高。

　　研究生课余时间，我在高校培训机构担任全国计算机等级考试主讲教师。是我在教学工作方面得到了得到了较好的锻炼。掌握了教学各个环节的基本方法，了解了教师工作的主要内容及其意义，具备了独立从事教学事业的基本能力。在教师管理方面和学生沟通方面获益匪浅。这次兼职为我以后的教学工作奠定了基础。

　　在校期间我曾多次参加志愿者服务工作。在由我校承办的"中国 MPA 专业学位设置十周年纪念大会"上，我进行司礼仪服务；在第十一届全运会期间，我作为网球志愿者服务来自全国各地的新闻媒体，通过这些活动提高了我的综合素质和办事能力。

　　相信工作对个人来说不仅是谋生的工具，更应该是个人一生为之奋斗的事业。将以饱满的热情和十足的信心迎接工作带给我的挑战。

张三

2022-8-1

图 4-72　"个人简历"表格样张

实验内容

（1）启动 Word，建立空文档。

（2）设计个人简历的封面，利用绘图工具制作封面，样式可参考图 4-71。

（3）在"封面"后另起一页，建立表格自动套用格式，录入简历内容，设置表格的边框线颜色及底纹，并设置单元格的底纹颜色。

（4）为个人简历表格所在的页添加页眉和页脚，页眉内容为"张三个人简历"，右对齐；页脚内容为插入页码，居中对齐。

（5）将文档进行保存。

实验步骤

1. 启动 Word，建立空文档

注意：以下所有内容均在同一篇文档中编辑。

步骤一：启动 Word 。选择"开始"菜单→"程序"→"Word 2016"。

步骤二：启动 Word 时，自动建立一个文件名为"文档 1"的空文档。

步骤三：利用"Enter"键在第一页中输入整页的换行符，直到光标停在第二页第一行为止。

2. 设计个人简历的封面

利用绘图工具制作封面，样式可参考图 4-71。

步骤一：单击"插入"选项卡，在"插图"分组中单击"形状"下拉按钮，从下拉列表中选择"线条"选项组中的"直线"，按下 Shift 键的同时在第一页第一行所对应的位置沿水平方向画一条直线。

步骤二：将光标移到直线上方，当指针变成双向的花形箭头时，单击选定直线，右键单击，在弹出的快捷菜单中选择"设置形状格式（O）…"，弹出"设置形状格式"对话框，如图 4-73 所示，在"线型"选项组中设置"复合类型"为"双线"，"宽度"设置为"4 磅"。

图 4-73 "设置形状格式"对话框

步骤三：在图 4-73 中选择"线条颜色"选项组，单击"实线"单选按钮，在"颜色"下拉列表中单击"其他颜色(M)…"，弹出"颜色"对话框，如图 4-74 所示。

图 4-74 "颜色"对话框

步骤四：单击"自定义"选项卡，在"红色"选项中输入"153"，在"绿色"选项中输入"204"，在"蓝色"选项中输入"0"，此时新增颜色为"酸橙色"，单击"确定"按钮，再单击"设置形状格式"对话框中的"关闭"按钮。

步骤五：选定直线，按下 Ctrl＋C，利用 Ctrl＋V 复制 3 条水平的直线，右键单击第一条直线，在弹出的快捷菜单中单击"其它布局选项(L)…"，弹出"布局"对话框，如图 4-75 所示，单击"大小"选项卡，将"宽度"的"绝对值"项设置为"15 厘米"，单击"确定"按钮，用同样的方法将第二条水平直线设置为"14.6 厘米"，第三条水平直线设置为"25 厘米"，第四条水平直线设置为"24 厘米"。

步骤六：选定第三条水平直线，右键单击，在弹出的快捷菜单中单击"其它布局选项(L)…"，弹出"布局"对话框，如图 4-75 所示，单击"大小"选项卡，将"旋转"的"旋转"项设置为"90°"，单击"确定"按钮。用同样的方法将第四条水平直线也旋转 90°，然后利用"←""↑""→""↓"四个方向键分别调节这四条直线的位置，得到如图 4-76 所示的效果。

步骤七：单击"插入"选项卡，在"插图"分组中单击"形状"下拉按钮，从下拉列表中选择"基本形状"选项组中的"六边形"，按下 Shift 键的同时在水平两条直线下面所对

图 4-75 "布局"对话框

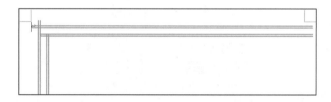

图 4-76 封面四条线摆放效果图

应的位置画一个正六边形,右键单击正六边形,在弹出的快捷菜单中单击"添加文字(X)"选项,在正六边形输入"个",在"开始"选项卡的"字体"组中设置字体样式为"楷体","字号"为"初号",在"段落"组中单击"居中"图标,调整正六边形的大小,将汉字整个显示出来。

步骤八:右键单击正六边形,在弹出的快捷菜单中选择"设置形状格式(O)…",弹出"设置形状格式"对话框,在"线条颜色"选项中选择"无线条"单选按钮,在"阴影"选项组中设置"预设"为"外部"→"偏移:右下","颜色"设置为"浅绿","透明度"为"60%","大小"为"100%","模糊"为"4 磅","角度"为"45°","距离"为"3 磅",如图 4-77 所示,单击"关闭"按钮。

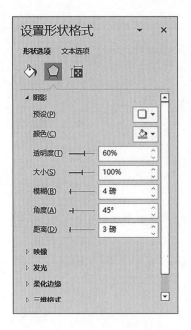

图 4-77　设置"阴影"格式对话框

　　步骤九：将带有"个"字的正六边形利用 Ctrl＋C 和 Ctrl＋V 复制三个，将复制后的三个正六边形中的汉字分别改成"人""简""历"，选中"个"字对应的正六边形，右键单击，在弹出的快捷菜单中选择"设置形状格式(O)…"，弹出"设置形状格式"对话框，在"填充"选项组中选中"渐变填充"单选按钮，单击"预设颜色"下拉列表中选择自己喜欢的颜色，如图 4-78 所示，可以在渐变光圈中拖动滑块，调整渐变效果，还可以选定滑块，在"颜色"项

图 4-78　设置自选图形的填充颜色

中对颜色完成修改。依次选定后面三个字所对应的正六边形,分别将填充效果选为其他颜色的效果,注意按照样张上所示的风格调节颜色。

步骤十:调整四个正六边形的位置,得到如图 4-79 所示的效果。

图 4-79　文字排列效果图

步骤十一:添加水印效果。单击"设计"选项卡,在"页面背景"分组中单击"水印"下拉列表,单击"自定义水印(W)..."选项,弹出"水印"对话框,如图 4-80 所示,单击"文字水印"单选按钮,"语言"为"中文(中国)","文字"为"简历","字体"为"宋体","字号"为"144"(可以直接选择"自动"),"颜色"中选择"最近使用的颜色"下面的"橙色"选项,勾选"半透明","版式"设置为"斜式",单击"确定"按钮。

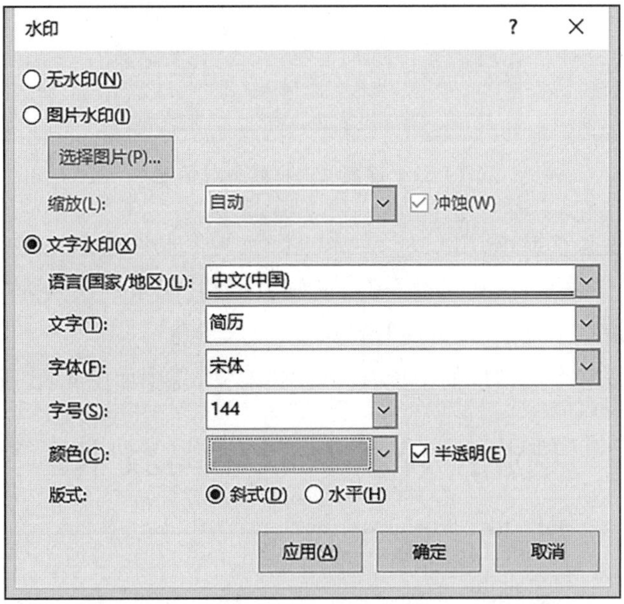

图 4-80　"水印"对话框

步骤十二:单击"插入"选项卡,在"文本"分组中单击"文本框"下拉列表中的"绘制横排文本框(H)",在第一页靠下边的位置按下鼠标左键,拖动出一个文本框,并输入文字"专业:计算机科学与技术",选定"专业:",在"开始"选项卡的"字体"分组中将其设置为

"宋体、小一号、黑色"文字；选定"计算机科学与技术"，在"字体"分组中将其设置为"楷体、小一号、黑色"文字。

步骤十三：右键单击文本框，在弹出的快捷菜单中选择"设置形状格式(O)..."，弹出"设置形状格式"对话框，在"线条"选项组中选中"无线条"单选按钮，如图 4-81 所示，单击"关闭"按钮。

图 4-81　设置文本框线条对话框

步骤十四：选定文本框，利用 Ctrl＋C 和 Ctrl＋V 复制两个文本框，分别将其中的文字改成"姓名：张三""院系：信息工程系"，将"姓名："和"院系："设置为"宋体、小一号、黑色"，将"张三"和"信息工程系"设置为"楷体、小一号、黑色"。

步骤十五：调整三个文本框的位置，使其左边对齐，得到如图 4-82 所示的效果图。

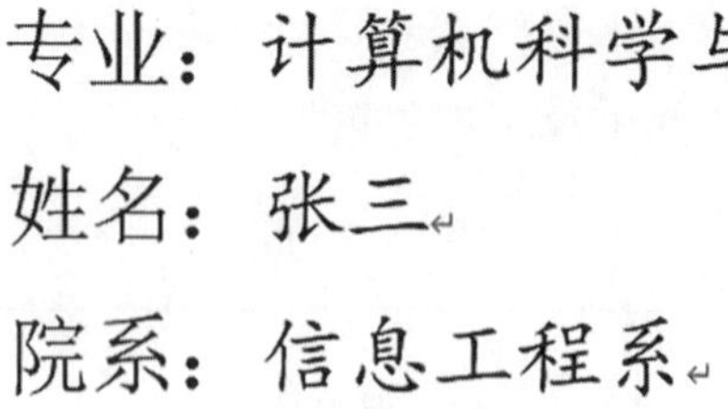

专业：计算机科学与技术

姓名：张三

院系：信息工程系

图 4-82　文本框效果

步骤十六：分别右键单击三个文本框，在弹出的快捷菜单中选择"置于顶层"级联菜单中的"置于顶层"，可以将文本框放置在文档的最外层，如图 4-71 所示。

3．将"个人简历"的内容输入到第 2 页，建立表格，录入内容。设置表格的边框线颜色及底纹，并设置单元格的底纹颜色

步骤一：将光标移到第一页的最后一行段落标记处，单击"布局"选项卡，在"页面设置"分组中单击"分隔符"下拉按钮，选择"分节符"选项组中的"下一页"选项，如图 4-83 所示。

图 4-83　插入分隔符

步骤二：在第二页的第一行输入"2022 年信息工程系简历"，在"字体"分组中将其设置为"华文行楷、二号"，在"段落"分组中单击"居中"图标；在第二行输入"应聘岗位：计算机助教"在"字体"分组中将其设置为"华文行楷、三号、加粗"，在"段落"分组中单击"居中"图标。

步骤三：将光标定位在第三行最左端，单击"插入"选项卡，在"表格"下拉列表中单击"插入表格（I）..."，弹出"插入表格"对话框，如图 4-84 所示，在"列数"中输入"5"，在"行数"中输入"10"，单击"确定"按钮。

步骤四：设置表格的样式。刚插入的表格，每一个单元格的大小都是一样的，同时表格的线条也是以 Word 中默认的格式呈现出来的，如果要做"个人简历"这种有特殊要求的表格，必须做进一步的设置。选定表格，单击"表格工具"→"设计"，在"表格样式"分组中单击"⏷"图标，从下拉列表中选择"修改表格样式（M）..."，弹出"修改样式"对话框，如图 4-85 所示，在"名称"后面输入"网格型"，在"属性"选项组中打开"样式基准"后面的下

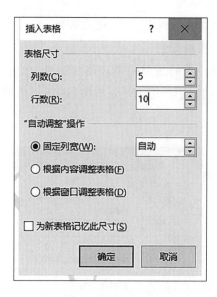

图 4-84 "插入表格"对话框

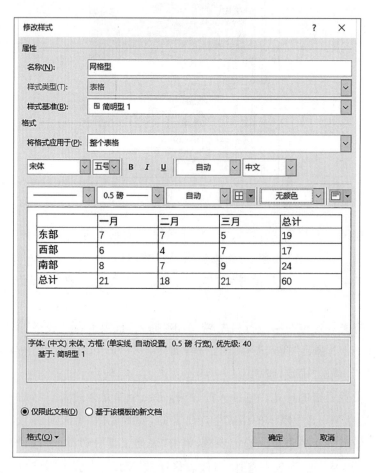

图 4-85 "修改样式"对话框

拉列表,单击"简明型 1"样式,单击"确定"按钮,再单击"⦿"图标,从下拉列表的"自定义"选项中单击"简明型"样式。

步骤五:选中表格的第一行,右键单击,单击"边框"右侧的下三角符号,在弹出的快捷菜单中选择"边框和底纹"命令,弹出"边框和底纹"对话框,单击"底纹"选项卡,在"填充"下面的颜色面板中选择"白色,背景 1,深色 25％",单击"确定"按钮,如图 4-86所示。

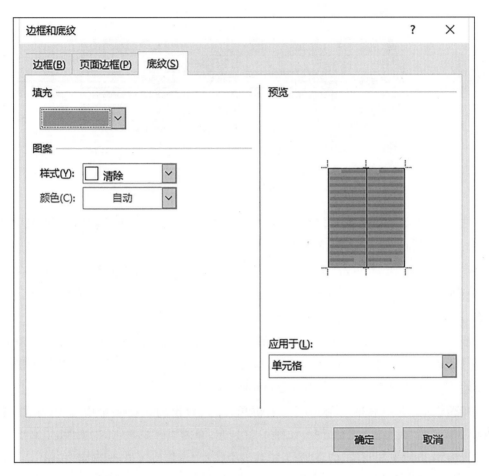

图 4-86　"边框和底纹"对话框

步骤六:选定表格的第一行,右键单击,从弹出的快捷菜单中选择"合并单元格"命令,即可将第一行中的所有单元格合并成一个单元格,输入文字"个人信息",在"开始"选项卡的"字体"分组中分别设置文字为"宋体、五号、加粗",在"段落"分组中单击"左对齐"图标按钮。

步骤七:选定第 2 行至第 7 行最后一列的 6 个单元格,右键单击,从弹出的快捷菜单中选择"合并单元格"命令。

步骤八：将光标定位在刚合并的单元格中，单击"插入"选项卡，在"插图"分组中选择"图片"，选择"联机图片"，在"搜索文字"项中输入"people"，单击"搜索"按钮，从下面的列表中选择一个人物图像，单击，即可添加到单元格中，调整图片的大小，使其正好放在单元格中（如果读者自己有图片，也可以自行添加图片）。

步骤九：录入第 2 行至第 7 行的全部内容，将表格中的固定项目部分字体统一设置为"宋体、五号、加粗"，将表格中的用户需要填写的内容项的字体统一设置为"宋体、五号"，并适当调整单元格宽度，如图 4-87 所示。

个人信息			
姓名	张三	出生日期	2000.08
政治面貌	共青团员	生源地	湖北恩施
专业	计算机科学与技术	职务	校学生会组织部部长
英语等级	六级	计算机等级	三级
普通话等级	一级乙等	电子邮箱	Zhangsan@qq.com
电话	13112345678	QQ	123456789

图 4-87　文字的输入格式

步骤十：选中表格的第 8 行，右键单击，在弹出的快捷菜单中选择"边框和底纹"命令，弹出"边框和底纹"对话框，单击"底纹"选项卡，在"填充"下面的颜色面板中选择"白色，背景 1，深色 25%"，单击"确定"按钮。右键单击，在弹出的快捷菜单中选择"合并单元格"命令，即可将单元格合并成一个单元格，输入文字"教育经历"，设置为"宋体、五号、加粗、左对齐"。

步骤十一：与样张上的内容相对照，目前的表格行数是远远不够的，可以在表格最后一行外面的段落标记处按下"Enter"键，即可添加一行，每添加一行，即可对照样张中的内容输入一行，格式和内容的操作方法和前面的一致。

步骤十二：选中表格的前 16 行，右键单击，在弹出的快捷菜单中选择"表格属性（R）..."，弹出"表格属性"对话框，如图 4-88 所示，单击"行"选项卡，勾选"指定高度"，将其设置为"0.7 厘米"，"行高值是"的下拉列表中选择"固定值"，单击"确定"按钮。

步骤十三：选定表格，单击"表格工具"→"设计"，在"绘图边框"分组中选择"⋯⋯⋯⋯⋯⋯⋯"样式，打开"表格样式"分组中的"边框"下拉列表，单击"所有框线"，此时给整个表格添加了虚线边框，然后用同样的方法，在"绘图边框"分组中选择"绿色"实线，打开"表格样式"分组中的"边框"下拉列表，分别单击"下框线"和"上框线"。

步骤十四：在个人简历表格的最后输入"张三"，将文字设置为"华文行楷、小四号"，单击"插入"选项卡，在"文本"分组中单击"日期和时间"项，在弹出的对话框中，选择一种格式的日期，勾选"自动更新"，单击"确定"按钮。

图 4-88　"表格属性"对话框

4. 为个人简历表格所在的页添加页眉和页脚

页眉内容为"张三个人简历"，右对齐；页脚内容为插入页码，居中对齐。

步骤一：单击"插入"选项卡，在"页眉和页脚"分组中单击"页眉"下拉按钮，选择"编辑页眉(E)"命令，进入"页眉和页脚"编辑状态。

步骤二：将光标定位到页眉位置，输入"张三个人简历"，单击"开始"选项卡，在"段落"分组中单击"右对齐三"图标按钮。

步骤三：单击"页眉和页脚工具"→"设计"，在"导航"选项卡中单击"转至页脚"图标按钮，将光标切换到页脚，在"页眉和页脚"分组中单击"页码"下拉按钮，选择"页码底端"→"普通数字 2"，即可在页脚处添加居中的页码。

步骤四：此时发现简历首页也显示了相同的页眉和页脚，将光标定位到首页的页眉处，在"选项"分组中勾选"首页不同"，即可将页眉和页脚在首页中不显示。

步骤五：单击"页眉和页脚工具"最右端的"关闭页眉和页脚"按钮。

5. 保存

将文档进行保存。

操作技巧

(1) 分节符的实际应用。

节由若干段落组成,小至一个段落,大至整个文档。同一个节具有相同的编排格式,不同的节可以设置不同的编排格式。本次实验的内容有封面和个人简历两部分,要求在一篇文档中完成,编辑时可将封面和个人简历设置为不同的两个节。

步骤一:使用分节符设置"与上节不同"。一旦插入分节符后,需要取消与上节相同。方法为,打开"页眉和页脚工具"中的"设计"选项卡,在"导航"分组中单击"链接到前一条页眉"按钮,取消与上节相同,此时在下一节输入的页眉和页脚就可以与上一节不同了。

步骤二:插入页码,本实验是从第2页插入页码,而且是由页码1开始。除了采用实验中的方法外,还可以用以下方法:在"页眉和页脚工具"的"导航"分组中单击"转至页脚",在"页眉和页脚"分组中的"页码"下拉列表中单击"设置页码格式(F)...",在弹出的"页码格式"对话框中,选中"起始页码"单选按钮并输入"1",单击"确定"按钮,如图4-89所示。

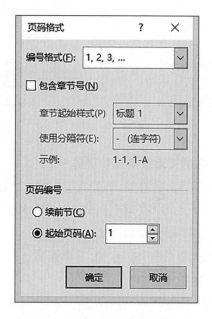

图 4-89 "页码格式"对话框

步骤三:对于封面插入的水印,从第2页开始不需要显示水印,在"页眉和页脚"编辑模式中删除本节的水印,即可实现。

(2) 快速改变文档中的字号大小。

选定文档中的文字,使用"Ctrl+["组合键,可以使文字变小;使用"Ctrl+]"组合键,可以使文字放大,使用"Ctrl+E"组合键,可以使文字居中显示。

实验 7　Word 综合实验

无论是大学毕业还是硕士、博士毕业,都需要提交毕业论文,学生们除了要写好论文的文字部分外,还要为论文排版,如何生成目录,如何为一个个模块添加不同页眉和页脚。学习者应当在制作长文档前规划好各种设置,尤其是样式设置。作为毕业生,需要根据所在高校制定的毕业论文模板对自己所写的论文进行格式和样式上的设置。不同的篇章部分一定要分节,而不是简单地分页。在下面的实验中,将以一篇论文为例,对其进行编辑排版,在排版过程中解决以上问题。本实验中,为了将论文内容和格式更加完善,添加了对论文的修订部分,供读者参考。

实验要求

这份毕业论文要求的格式为:A4 纸;要有封面、目录、中英文摘要、正文、总结、致谢和参考文献;单面打印;正文部分每页的页眉是论文的题目;页码一律在页面底端的右侧,封面没有页码,摘要和目录是单独的页码,正文的页码从第 1 页开始,按页码的顺序进行排版,包括参考文献(需要说明的是,由于毕业论文的篇幅比较长,因此,本综合实验中只给出了一部分文档,对主要模块部分进行了格式上的设置,正文部分的格式和第一页的格式一样,读者可以根据正文第一页的格式对论文中正文部分完成相应的设置。另外,由于各个学科要求的格式有一些细节差别,本文主要以理科毕业论文为例进行排版,素材由任课教师提供,对于文科专业的读者,由任课教师给出相关的论文格式要求)。

本实验将通过一系列基本操作,完成一份毕业论文主要模块的排版操作。封面、中英文摘要、目录、正文、参考文献的效果图,分别如图 4-90 至图 4-95 所示。

在实验过程中,期望读者掌握以下操作技能:

(1)掌握对长文档的排版方法。

(2)掌握如何设置标题样式的方法。

(3)掌握如何自动生成目录的方法。

(4)掌握论文的修订和共享方法。

实验内容

(1)启动 Word,建立空文档。论文用纸规格 A4 纸(21 厘米×29.7 厘米),页边距使用系统默认的。论文装订要求:按封面、中文摘要、目录、正文、参考文献的顺序装订。

(2)制作论文封面,设置后的效果如图 4-90 所示。

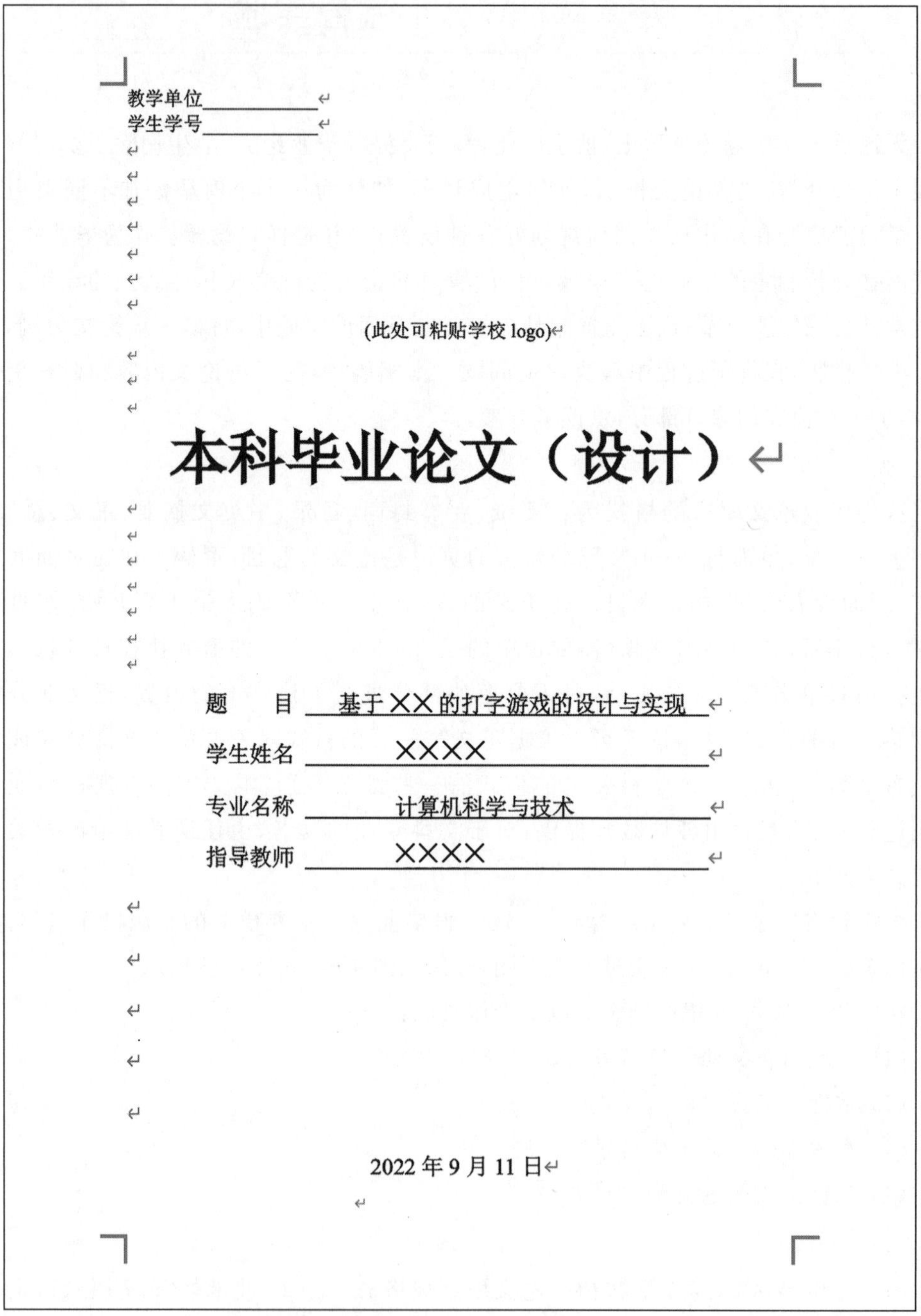

教学单位＿＿＿＿＿＿↵
学生学号＿＿＿＿＿＿↵

(此处可粘贴学校 logo)↵

本科毕业论文（设计）↵

题　　目　<u>基于××的打字游戏的设计与实现</u>　↵

学生姓名　<u>　　　　××××　　　　　　</u>　↵

专业名称　<u>　　　计算机科学与技术　　　</u>　↵

指导教师　<u>　　　　××××　　　　　　</u>　↵

2022 年 9 月 11 日↵

↵

图 4-90　毕业论文封面

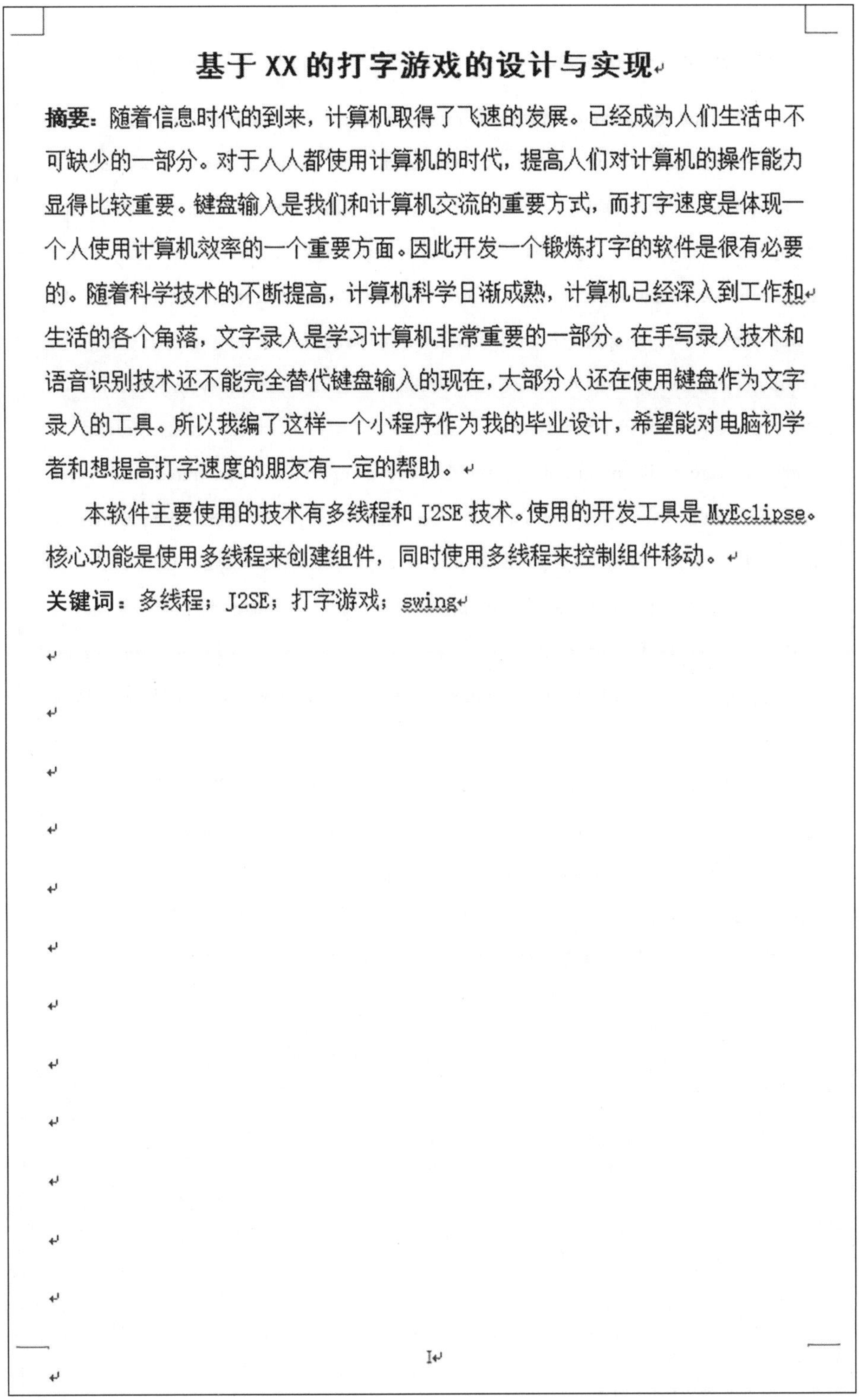

基于 XX 的打字游戏的设计与实现

摘要： 随着信息时代的到来，计算机取得了飞速的发展。已经成为人们生活中不可缺少的一部分。对于人人都使用计算机的时代，提高人们对计算机的操作能力显得比较重要。键盘输入是我们和计算机交流的重要方式，而打字速度是体现一个人使用计算机效率的一个重要方面。因此开发一个锻炼打字的软件是很有必要的。随着科学技术的不断提高，计算机科学日渐成熟，计算机已经深入到工作和生活的各个角落，文字录入是学习计算机非常重要的一部分。在手写录入技术和语音识别技术还不能完全替代键盘输入的现在，大部分人还在使用键盘作为文字录入的工具。所以我编了这样一个小程序作为我的毕业设计，希望能对电脑初学者和想提高打字速度的朋友有一定的帮助。

　　本软件主要使用的技术有多线程和 J2SE 技术。使用的开发工具是 MyEclipse。核心功能是使用多线程来创建组件，同时使用多线程来控制组件移动。

关键词： 多线程；J2SE；打字游戏；swing

图 4-91　中文摘要样张

119

Design and implementation of XX based typing game

Abstract: with the advent of the information age, the computer has made rapid development. Recently, with the development of network, the computer has become an indispensable part of people's life. For everyone to use the computerera, improve people operation capability of computer is more important.Keyboard input is the important way for us to communicate with the computer,and typing speed is embodied an important aspect of a person using the computer efficiency. Therefore the development of an exercise typing software is necessary. Along with the science and technology unceasing enhancement, the computer science is mature day after day, the computer has penetrated into every corner of life and work, the text entry is a very important part of learning computer. In handwritten input technology and voice recognition technology still can not completely replace the keyboard input now, most people still use the keyboard as the text entry tool. So I made such a small program as my graduation design, hoping to computer beginners and want to improve your typing speed is certainly helpful friends.

The main use of the procedure of multi thread technology and J2SE technology.The use of the development tool is MyEclipse. The core function is to use multiple threads to create components, at the same time, using multiple threadsto control the assembly of mobile.

Keywords: multi thread; J2SE; typing game; swing

图 4-92　英文摘要样张

目　录

图 4-93　目录样张

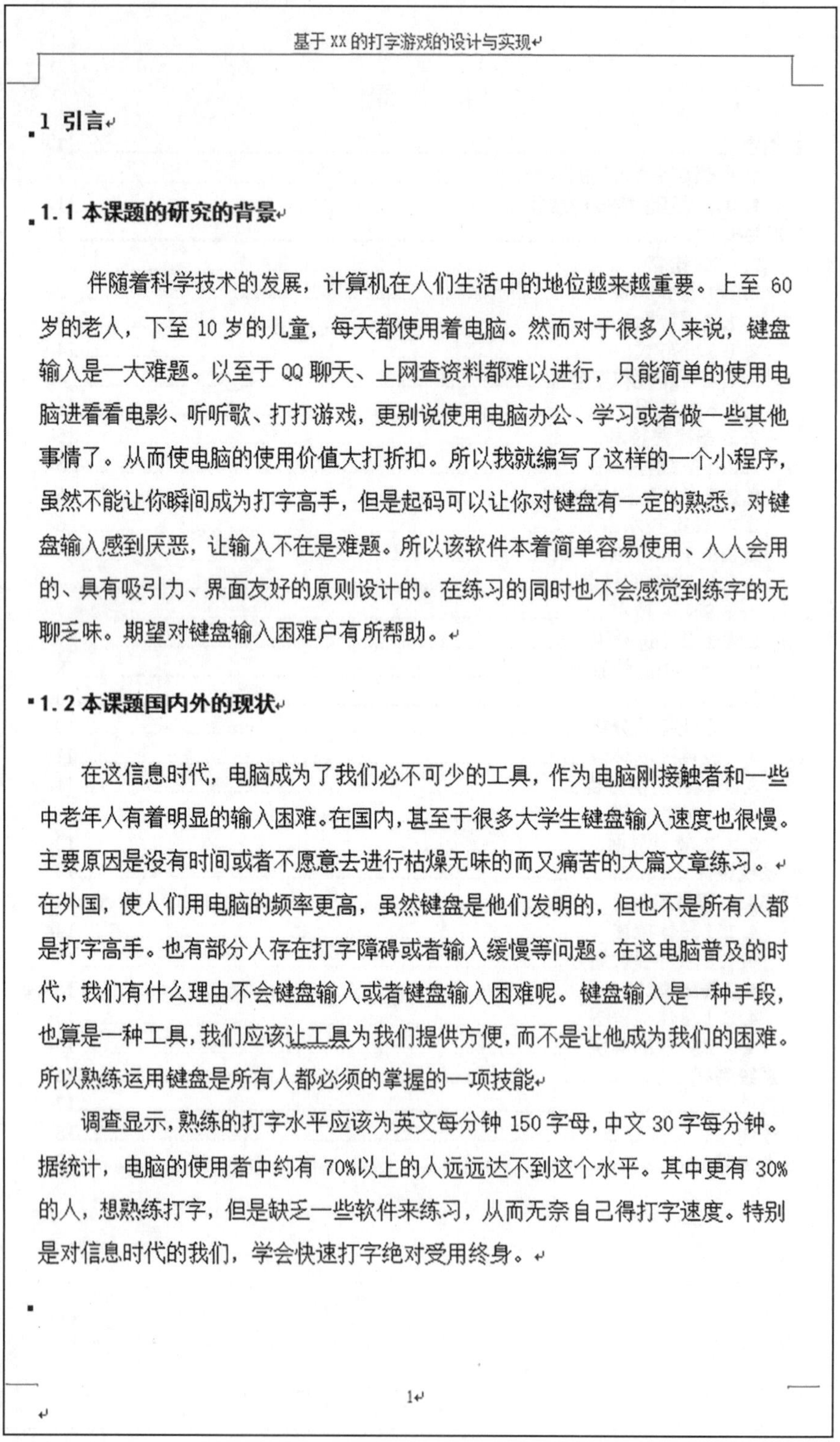

基于XX的打字游戏的设计与实现

1 引言

1.1 本课题的研究的背景

伴随着科学技术的发展，计算机在人们生活中的地位越来越重要。上至60岁的老人，下至10岁的儿童，每天都使用着电脑。然而对于很多人来说，键盘输入是一大难题。以至于QQ聊天、上网查资料都难以进行，只能简单的使用电脑进看看电影、听听歌、打打游戏，更别说使用电脑办公、学习或者做一些其他事情了。从而使电脑的使用价值大打折扣。所以我就编写了这样的一个小程序，虽然不能让你瞬间成为打字高手，但是起码可以让你对键盘有一定的熟悉，对键盘输入感到厌恶，让输入不在是难题。所以该软件本着简单容易使用、人人会用的、具有吸引力、界面友好的原则设计的。在练习的同时也不会感觉到练字的无聊乏味。期望对键盘输入困难户有所帮助。

1.2 本课题国内外的现状

在这信息时代，电脑成为了我们必不可少的工具，作为电脑刚接触者和一些中老年人有着明显的输入困难。在国内，甚至于很多大学生键盘输入速度也很慢。主要原因是没有时间或者不愿意去进行枯燥无味的而又痛苦的大篇文章练习。

在外国，使人们用电脑的频率更高，虽然键盘是他们发明的，但也不是所有人都是打字高手。也有部分人存在打字障碍或者输入缓慢等问题。在这电脑普及的时代，我们有什么理由不会键盘输入或者键盘输入困难呢。键盘输入是一种手段，也算是一种工具，我们应该让工具为我们提供方便，而不是让他成为我们的困难。所以熟练运用键盘是所有人都必须的掌握的一项技能

调查显示，熟练的打字水平应该为英文每分钟150字母，中文30字每分钟。据统计，电脑的使用者中约有70%以上的人远远达不到这个水平。其中更有30%的人，想熟练打字，但是缺乏一些软件来练习，从而无奈自己得打字速度。特别是对信息时代的我们，学会快速打字绝对受用终身。

1

图 4-94　正文部分样张

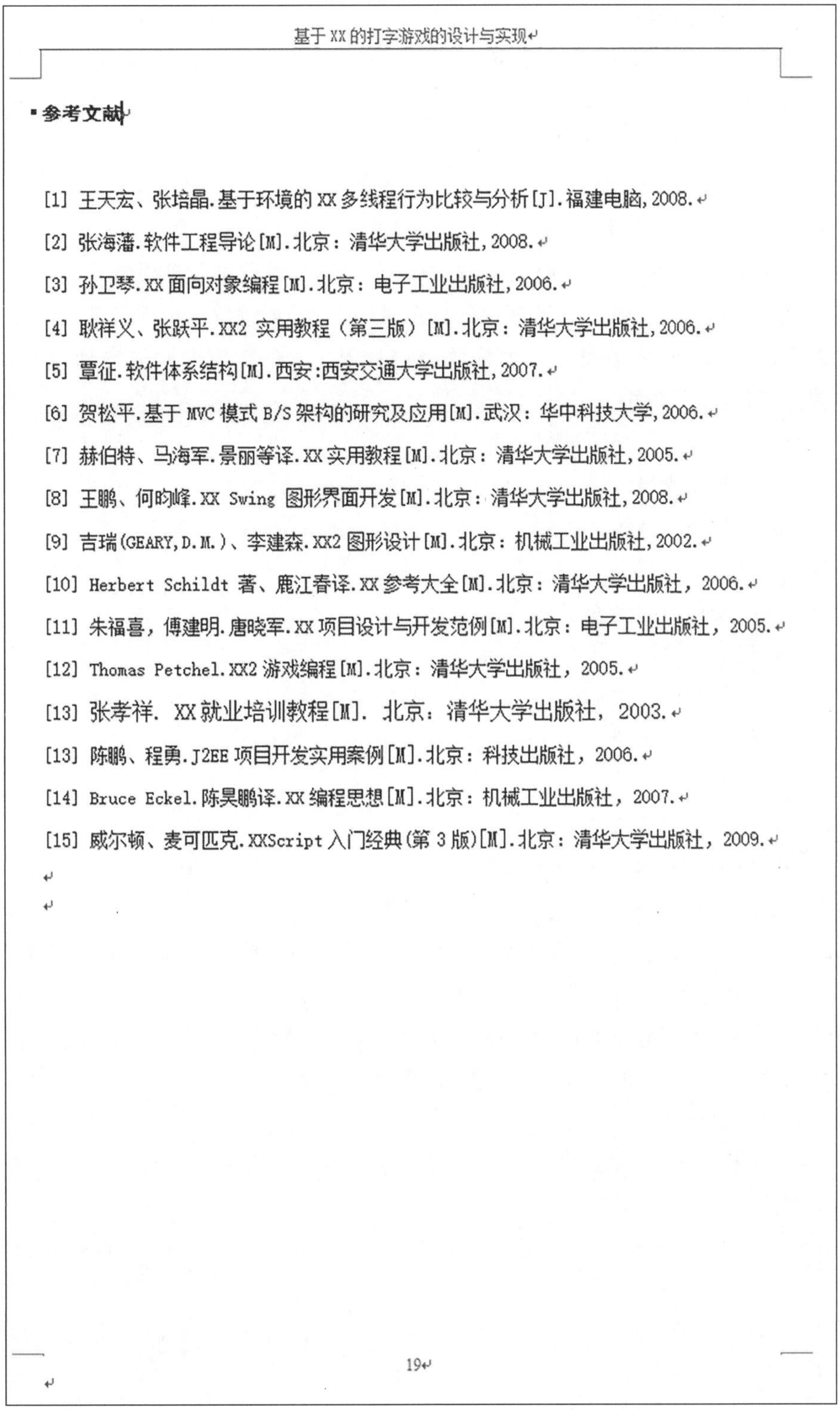

基于 XX 的打字游戏的设计与实现

· 参考文献

[1] 王天宏、张培晶.基于环境的 XX 多线程行为比较与分析[J].福建电脑,2008.

[2] 张海藩.软件工程导论[M].北京:清华大学出版社,2008.

[3] 孙卫琴.XX 面向对象编程[M].北京:电子工业出版社,2006.

[4] 耿祥义、张跃平.XX2 实用教程(第三版)[M].北京:清华大学出版社,2006.

[5] 覃征.软件体系结构[M].西安:西安交通大学出版社,2007.

[6] 贺松平.基于 MVC 模式 B/S 架构的研究及应用[M].武汉:华中科技大学,2006.

[7] 赫伯特、马海军.景丽等译.XX 实用教程[M].北京:清华大学出版社,2005.

[8] 王鹏、何昀峰.XX Swing 图形界面开发[M].北京:清华大学出版社,2008.

[9] 吉瑞(GEARY,D.M.)、李建森.XX2 图形设计[M].北京:机械工业出版社,2002.

[10] Herbert Schildt 著、鹿江春译.XX 参考大全[M].北京:清华大学出版社,2006.

[11] 朱福喜,傅建明.唐晓军.XX 项目设计与开发范例[M].北京:电子工业出版社,2005.

[12] Thomas Petchel.XX2 游戏编程[M].北京:清华大学出版社,2005.

[13] 张孝祥. XX 就业培训教程[M]. 北京:清华大学出版社,2003.

[13] 陈鹏、程勇.J2EE 项目开发实用案例[M].北京:科技出版社,2006.

[14] Bruce Eckel.陈昊鹏译.XX 编程思想[M].北京:机械工业出版社,2007.

[15] 威尔顿、麦可匹克.XXScript 入门经典(第 3 版)[M].北京:清华大学出版社,2009.

19

图 4-95 参考文献样张

123

（3）录入摘要的内容。

（4）录入论文正文全部内容，包括引言（或绪论）、论文主题、总结、致谢和参考文献。

（5）为正文中所有的图标上图注。

（6）为正文中的表格添加表注。

（7）参考文献格式设置。

（8）目录按三级标题编写，要求层次清晰，必须与正文标题一致。

（9）页码格式设置要求：封面无页码，中英文摘要和目录页单独设置罗马数字页码，页码位于居中位置，正文部分设置阿拉伯数字页码格式，页码位于页面底部居中位置，并在正文部分添加页眉，内容是论文的标题，即"基于××的打字游戏的设计与实现"，居中，字体为宋体，字号为小五号。

（10）将文档进行保存。

（11）对文档完成修订。

（12）为文档添加批注。

（13）快速比较文档。

（14）删除文档中的个人信息。

（15）标记文档的最终状态。

（16）构建并使用文档部件。

（17）与他人共享文档。

实验步骤

1. 启动 Word，建立空文档

论文用纸规格 A4 纸(21 厘米×29.7 厘米)，页边距使用系统默认的。论文装订要求：按封面、中文摘要、目录、正文、参考文献的顺序装订。

步骤一：单击"布局"→"页面设置"→"纸张大小"，在"纸张大小"的下拉列表中选择"A4"，"宽度"设置为"21 厘米"，"高度"设置为"29.7 厘米"。

步骤二：点击面板右下角的剪头符号，弹出"页面设置"对话框，页面上下边距为 2.54 厘米，左右边距为 3.17 厘米，单击"确定"按钮，如图 4-96 所示。

2. 制作论文封面

步骤一："教学单位"和"学生学号"设置为宋体，四号；后面的填写项设置为宋体，四号，加下划线。

步骤二：在第 6 行所对应的位置用"插入"选项卡中的"图片"，插入学校的 logo 图片，设置为居中。

步骤三：另起一行，输入"本科毕业论文（设计）"，设置字体为宋体，字号为初号，加粗，居中。

步骤四：另起 4 行，分别在下面每一行输入"题目""学生姓名""专业名称""指导教师"，设置字体为宋体，四号；在相对应的位置输入"基于××的打字游戏的设计与实

图 4-96 论文"纸张"的设置

现""计算机科学与技术""××××",设置字体为宋体,四号,加下划线,调整各项的位置。

步骤五:底部输入日期,设置字体为黑体、小二、加粗,居中。

3. 录入摘要的内容

步骤一:另起一页,输入中文的论文题目,字体为黑体、三号、加粗、居中,论文的题目一般不超过 20 个字。

步骤二:另起一行,输入"摘要:"字样,字体为黑体、小四号、加粗、左对齐;继续输入摘要正文,字体为宋体、小四号。

步骤三:另起一行输入"关键词:",设置字体为黑体、小四号、加粗、左对齐,后面的关键词一般为 3~5 个,每一个关键词之间用分号分开,最后一个关键词后不打标点符号,设置后面的关键词为宋体、小四。

步骤四:另起一页,在第一行输入论文的英文题目,设置字体为 Times New Roman

字体、三号、加粗，居中。

步骤五：另起一行，输入"Abstract："，设置字体为 Times New Roman 字体、小四号、加粗、左对齐，内容部分字体为 Times New Roman 字体、小四号。

步骤六：最后另起一行，输入"Keywords："，设置字体为 Times New Roman 字体、小四号、加粗，内容部分字体为 Times New Roman 字体、小四号。

4. 录入论文正文全部内容，包括引言（或绪论）、论文主题、总结、致谢和参考文献

步骤一：另起一页，将论文素材复制粘贴到此处。

步骤二：选定"1 引言"，单击"开始"选项卡，在"样式"分组中选择"标题 1"样式，右键单击"标题 1"样式，在弹出的菜单中单击"修改"，弹出"修改样式"对话框，如图 4-97 所示。

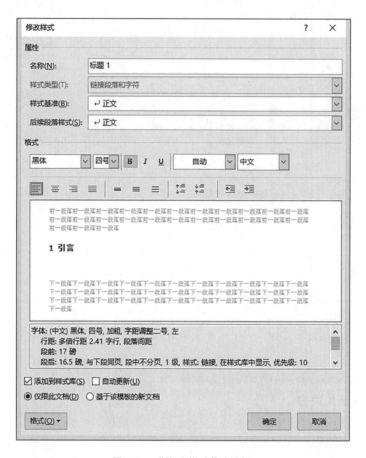

图 4-97　"修改样式"对话框

步骤三：在"格式"中将"标题 1"设置为黑体、四号、加粗，左对齐。

步骤四：选定"1.1 本课题的研究的背景"，在"样式"分组中选择"标题 2"，右键单击"标题 2"样式，在菜单中选择"修改（M）..."，弹出"修改样式"对话框，在"格式"中将"标题 2"设置为黑体、小四号、加粗，左对齐。

步骤五：依次将下面的一级标题都设置成"标题 1"的样式，二级标题都设置为"标题

2"的样式。

步骤六：选定"2.1.1.面向对象"，将样式设置为"标题 3"，在"修改样式"对话框中，将"格式"中的"标题 3"设置为宋体、小四号、加粗，左对齐。

步骤七：依次将正文中所有的一级标题设置成"标题 1"的样式，将二级标题设置成"标题 2"的样式，三级标题设置成"标题 3"的样式。

步骤八：设置正文字体为宋体、小四号、1.5 倍行距、字符不缩放，字符间距为"标准"。

5. 为正文中所有的图标上图注

步骤一：图在上方，图序在图的下方，如图 4-98 所示。

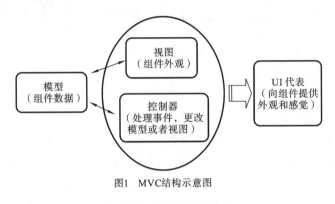

图1　MVC结构示意图

图 4-98　图示的标识方法

步骤二：图序为一级，依次标识，字体设置为小四号、宋体、加粗、居中。

6. 为正文中的表格添加表注

步骤一：表标题在表格的上方，表序分为两级，字体设置为小四、宋体、加粗、居中。

步骤二：表内文字的字体为宋体、小四号、上下左右居中，如图 4-99 所示。

步骤三：如果表下面有"注:…"，将"注:"设置为宋体、五号、加粗，后面的内容设置为宋体、五号，如果有多条注释时，用"①、②、③…"分列。

7. 参考文献格式设置

步骤一："参考文献"四个字的字体为黑体，字号为五号，加粗，居中。参考文献内容文字字体为宋体，字号为小五号。

步骤二：参考文献的序号用[1]、[2]、[3]…

8. 目录按三级标题编写，要求层次清晰，必须与正文标题一致

步骤一：将光标定位到英文摘要页所在的最后一行，单击"布局"选项卡，在"页面设置"分组中单击"分隔符"下拉按钮，从中选择"分节符"中的"下一页"，此时光标定位到下一页的最左端，输入"目录"两个字，设置字体为黑体、三号、加粗、居中，字间空两个字符。

表 5-1　测试操作表

序号	测试操作	期望结果	可能其他结果	测试结果与预期是否一致
1	不选择难度点	提示选择难度	异常,无法运行	是
2	选择难度再点	正常运行游戏	异常,无法运行	是
3	运行后点击暂停	游戏正常暂停	无法停止或者出现异常	是
4	暂停后点击继续	能正常继续游戏	无法正常继续或者出现异常	是
5	继续点击暂停	游戏正常暂停	无法停止或者出现异常	是
6	点击结束游戏	游戏正常结束	游戏无法结束或者异常	是
7	键盘输入任意字母	面板上对应字母移除	无法响应键盘事件护着无法移除	是

图 4-99　表格的样式

步骤二:另起一行,单击"引用"选项卡,在"目录"分组中单击"目录"的下拉列表,从中选择"自定义目录(C)…",弹出"目录"对话框,在"格式"下拉列表中选择"来自模板",将"显示级别"设置为"3 级",单击"修改(M)..."按钮,弹出"样式"对话框,选定列表中的"TOC 1",单击"修改(M)..."按钮,弹出"修改样式"对话框,如图 4-100 所示,在"格式"中设置"目录 1"的格式为黑体、小四、加粗、左对齐,单击"格式"按钮,选择"段落"项,将左缩进、右缩进分别置为 0 字符,单击"确定",再在"样式"对话框中分别选择"目录 2"和"目录 3",用设置目录 1 同样的方法将其设置为小四、宋体、首行缩进 2 字符,单击"确定"按钮。

9. 页码格式设置要求

封面无页码,中英文摘要和目录页单独设置罗马数字页码,页码位于居中位置,正文部分设置阿拉伯数字页码格式,页码位于页面底部居中位置,并在正文部分添加页眉,内容是论文的标题,即"基于××的打字游戏的设计与实现",居中,字体为宋体,字号为小五号。

步骤一:将光标定位到中文摘要的标题最前面,单击"布局"选项卡,在"页面设置"分组中单击"分隔符"下拉按钮,从中选择"分节符"中的"连续",即可在此处添加一个分节符,再将光标定位到"1 引言"的前面,用同样的方法添加一个分节符,此时封面是第 1 节。

步骤二:将光标定位到中文摘要所在的页面中,单击"插入"选项卡,在"页码"下拉列表中选择"设置页码格式(F)...",弹出"页码格式"对话框,如图 4-101 所示。

步骤三:从对话框中的"编号格式"下拉列表中选择罗马样式,在"页码编号"中单击"起始页码",并将其设置为"I",单击"确定"按钮。

步骤四:再单击"插入"→"页码"→"页面底端"→"普通数字 2",即可看到中英文摘要

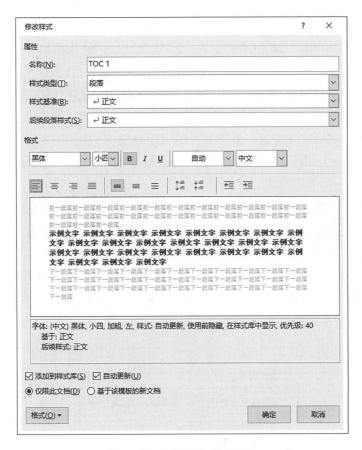

图 4-100　"修改样式"对话框

图 4-101　"页码格式"对话框

下面的页码添加成功,但此时发现首页显示了数字"1"这个页码,这时,只要将鼠标移到中文摘要的页眉处,单击"页眉和页脚工具"→"导航"中的"链接到前一节",取消选定此项,再将光标定位到首页的数字前面,用 Delete 键将其删除即可。

步骤五:再将光标定位到目录页中,用上述同样的方法添加罗马数字页码。

步骤六:将光标定位到正文中,取消"链接到前一节",用上述同样的方法添加阿拉伯数字格式的页码,然后在正文这一节第一页的页眉处输入"基于××的打字游戏的设计与实现",设置字体为宋体,小五号,居中,可以发现后面所有的正文中都添加了相同的页眉。

步骤七:设置好后,会发现前面几页的页眉处没有文字,但有下划线,此时需要将下划线去掉,只需将光标分别定位到前 3 节的页眉处,单击"开始"选项卡中的"样式"分组向下箭头,从弹出的菜单中单击"清除格式",即可将页眉处的下划线去掉。

步骤八:重新回到目录页,单击目录处,右键单击,在弹出的快捷菜单中选择"更新域",弹出"更新目录"对话框,如图 4-102 所示,单击"只更新页码"单选按钮,然后单击"确定"按钮,可以看出页码进行了更新。

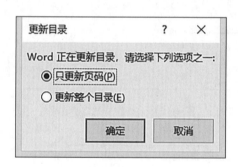

图 4-102 "更新目录"对话框

10. 将文档进行保存

步骤一:单击文档左上角的"<kbd>🖫</kbd>"按钮,可将文档保存在原来所保存的位置。

步骤二:单击"文件"选项卡,选择"另存为"项,在弹出的对话框中选择另一个新的保存位置,可将文档在计算机中的另一位置备份。

11. 对文档完成修订

步骤一:打开一份上面已经保存过的毕业论文文档,在功能区的"审阅"选项卡中单击"修订"选项组的"修订"按钮,即可开启文档的修订状态,如图 4-103 所示。

步骤二:对文档进行适当的更改,单击"修订"分组中"显示标记"下拉列表中的"批注框"→"在批注框中显示修订",得到如图 4-104 所示的效果图。用户在修订状态下直接插入的文档内容会通过默认的红色和下划线标记下来,删除的内容可以在右侧的页面空白处显示出来。

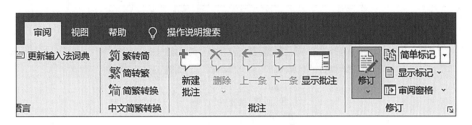

图 4-103　开启文档"修订"状态

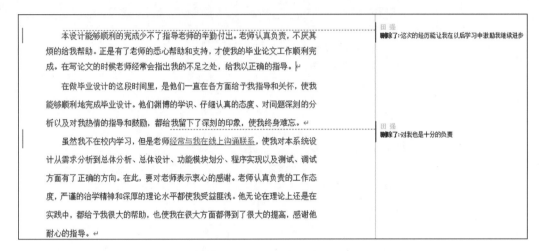

图 4-104　当前文档的修订

步骤三：当多个用户同时参与对同一文档进行修订时，文档将通过不同的颜色来区分不同用户的修订内容，从而可以很好地避免由于多人参与文档修订而造成的混乱局面。此外，Word还允许用户对修订内容的样式进行自定义设置。

步骤四：在功能区的"审阅"选项卡的"修订"分组中，单击该版面右下方箭头按钮，弹出"修订选项"对话框，点击"高级"，打开"高级修订选项"菜单，如图 4-105 所示。用户在"标记""移动""表格单元格突出显示""格式""批注框"5 个选项区中，可以根据自己的浏览习惯和具体需要，设置修订内容的显示方式。

12. 为文档添加批注

步骤一：当多人审阅同一文档时，可能需要彼此之间对文档内容的修改情况做一下解释，或者向文档作者询问一些需要解决的问题，这时就可以在文档中插入批注。批注与修订不同，批注并不在原文的基础上进行修改，而是在文档页面的空白处添加相关的注释信息，并且用有颜色的方框括起来。

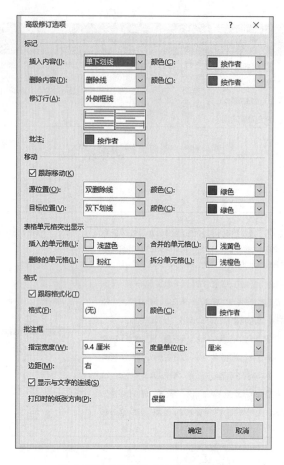

图 4-105　"高级修订选项"对话框

步骤二：如果需要为文档内容添加批注信息，只需要在"审阅"选项卡的"批注"选项组中单击"新建批注"按钮，然后直接输入批注信息即可，如图 4-106 所示。

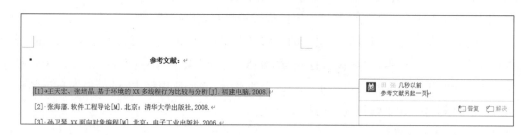

图 4-106　添加批注后的效果

步骤三：除了在文档中插入文本批注信息以外，用户还可以插入音频或视频批注信息，从而使文档协作在形式上更加丰富，单击"插入"选项卡中的"文本"分组中的"对象"下拉列表，从中选择"对象(J)..."，弹出"对象"对话框，如图 4-107 所示，单击"由文件创

建"选项卡,单击"浏览"按钮,从弹出的对话框中选择音频或视频存入的位置,然后单击
"确定"按钮,即可完成音频或视频的添加。

图 4-107　"对象"对话框

步骤四:如果用户要删除文档中的某一条批注信息,则可以右键单击所要删除的批
注,在弹出的快捷菜单中执行删除批注命令。如果用户要删除文档中所有批注,则可以
单击任意批注信息,然后在"审阅"选项卡的"批注"分组中执行"删除"→"删除文档中的
所有批注"命令,如图 4-108 所示。

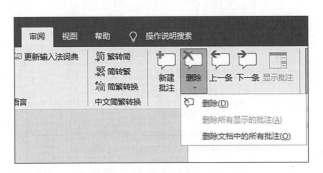

图 4-108　删除文档中的所有批注

步骤五:另外,当文档被多人修订或批注后,用户可以在功能区的"审阅"选项卡中的
"修订"选项组中,单击"显示标记"→"特定人员"命令,在显示的列表中,将显示所有对该
文档进行过修订或批注操作的人员名单,如图 4-109 所示。用户可以通过选择审阅者姓
名前面的复选框,查看不同人员对本文档的修订或批注意见。

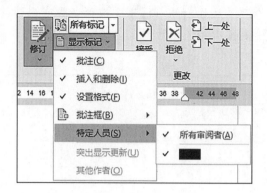

图 4-109　显示所有的审阅者

步骤六：审阅修订和批注。文档内容修订完成以后，用户还需要对文档的修订和批注状况进行最终审阅，并确定最终的文档版本。

当审阅修订和批注时，可以按照如下步骤来接受或拒绝文档内容的每一项更改。

首先，在"审阅"选项卡的"更改"选项组单击"上一条"或者"下一条"按钮，即可定位到文档中的"上一条或下一条"修订或批注。

其次，对于修订信息，可以单击"更改"选项组中的"拒绝"或"接受"按钮，来选择拒绝或接受当前修订对文档的更改；对于批注信息可以在"批注"选项组中单击"删除"按钮将其删除，接着重复以上操作，直到文档中不再有修订和批注。

最后，如果要拒绝对当前文档做出的所有修订，可以在"更改"选项组中执行"拒绝"命令；如果要接受所有修订，可以在"更改"选项组中执行"接受"命令，如图 4-110 所示。

图 4-110　接受对文档的所有修订

13. 快速比较文档

步骤一：文档经过最终审阅以后，用户很希望能够通过对比的方式查看修订前后两个文档版本的变化情况，Word 提供了精确比较的功能，可以帮助用户显示两个文档的差异。

步骤二:在"审阅"选项卡的"比较"分组中,执行"比较"→"比较(C)…"命令,打开"比较文档"对话框。在"原文档"区域中,通过浏览找到要用作原始文档的文档;在"修订的文档"区域中,通过浏览找到修订完成的文档,如图4-111所示。

图4-111 "比较文档"对话框

步骤三:单击"确定"按钮,此时两个文档之间的不同之处将突出显示在"比较结果"文档的中间,以供用户查看,如图4-112所示。

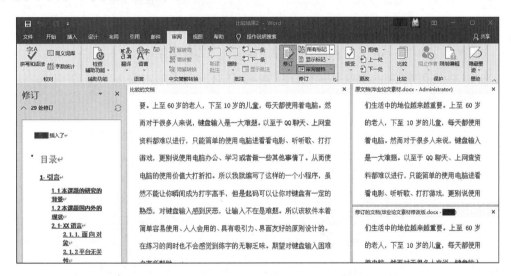

图4-112 同一个文档不同版本的比较

14. 删除文档中的个人信息

步骤一:文档的最终版本确定以后,如果用户希望将Microsoft Office文档的电子副本共享给其他用户,最好先检查一下该文档是否包含隐藏的数据或者个人信息,这些信息可能存储在文档本身或文档属性中,而且有可能会透露一些个人隐私,因此有必要在共享文档副本之前删除斜线隐藏信息。Office为用户提供的"文档检查器"工具,可以帮助用户查找并删除在Word、Excel、PowerPoint文档中的隐藏数据和个人信息。打开要检查是否存在隐藏数据或个人信息的Office文档副本。

步骤二:单击"文件"选项卡,打开Office后台视图。然后单击"信息"→"检查问题"→"检查文档"命令,弹出"文档检查器"对话框,如图4-113所示。

图 4-113 "文档检查器"对话框

步骤三：从对话框中选择要检查的隐藏内容类型，然后单击"检查"按钮。检查完成后，在"文档检查器"对话框中审阅检查结果，并在所要删除的内容类型旁边，单击"全部删除"按钮，如图 4-114 所示。

图 4-114　审阅检查后的结果

15. 标记文档的最终状态

步骤一：如果文档已经确定修改完成，用户可以为文档标记最终状态来标记文档的最终版本，此操作可以将文档设置为只读状态，并禁用相关的内容编辑命令。

步骤二：如果想要标记文档的最终状态，用户可以选择"文件"选项卡，打开 Office 后台视图。然后单击"保护文档"→"标记为最终"完成相关的设置，如图 4-115 所示。

图 4-115 将文档标记为最终状态

16. 构建并使用文档部件

步骤一：文档部件实际上就是对某一段指定文档内容（文本、段落、表格、图片等文档中存在的对象）的封装手段，也可以单纯地将其理解为对这段文档内容的保存和重复使用，这为在文档中共享已有的设计或内容提供了高效手段。

步骤二：测试操作表很有可能在撰写其他同类文档时会再次被使用，因此希望可以通过文档部件的方式进行保存。选中内容，单击"插入"选项卡，在"文本"分组中单击"文档部件"下拉按钮，并从下拉列表中单击"将所选内容保存到文档部件库"命令，如图 4-116 所示。

图 4-116 选定要被创建为文档部件的内容

137

步骤三：打开如图 4-117 所示的"新建构建基块"对话框，为新建的文档部件设置"名称"属性为"测试操作表"，并在"库"类别下拉列表中选择"表格"选项，可以输入简单的说明文字，单击"确定"按钮。

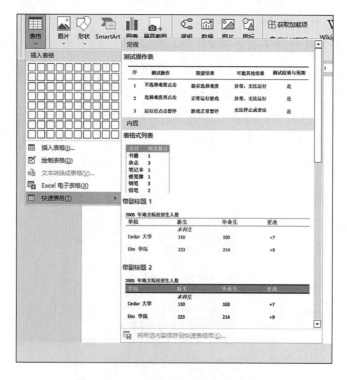

图 4-117 "新建构建基块"对话框

步骤四：接着打开或者新建另一个文档，将光标定位在要插入文档部件的位置，在功能区的"插入"选项卡的"表格"分组中，单击"表格"→"快速表格"按钮，从其下拉列表中就可以直接找到刚才新建的文档部件，并可将该表格直接重新用在此文档中，如图 4-118 所示。

图 4-118 已经创建的文档部件的使用

17. 与他人共享文档

步骤一：Word 文档除了可以打印出来供他人审阅外，也可以根据用户不同的需求，通过多种方式完成共享。例如：通过电子邮件共享文档，如果希望将编辑完成的 Word 文档通过电子邮件方式发送给对方，可以选择"文件"选项卡打开 Office 后台视图。然后执行"共享"→"电子邮件"→"作为附件发送"命令，如图 4-119 所示。

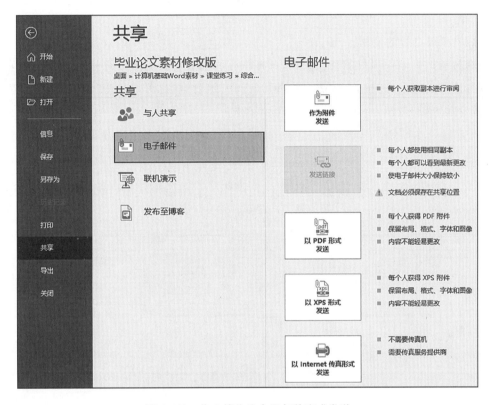

图 4-119　将文档作为电子邮件完成发送

步骤二：用户还可以将文档保存为 PDF 格式，这样既保证了文档的只读性，同时又确保了那些没有部署 Microsoft Office 产品的用户可以正常浏览文档内容。选择"文件"选项卡，打开 Office 后台视图。在 Office 后台视图中执行"共享"→"电子邮件"→"以 PDF 形式发送"命令，使用系统 Outlook 邮箱发送 PDF 格式文档。

操作技巧

（1）目录的更新。

对文档进行了更改，但目录中却不会自动更新内容和页码，这时应该进行以下操作：在添加、删除、移动或编辑了文档中的标题或其他文本之后，单击"目录"，右键单击，在弹出的快捷菜单中选择"更新域"（或者选定目录再按"F9"键），弹出如图 4-120 所示的对话框，根据实际情况选择相应的单选按钮，最后单击"确定"按钮。

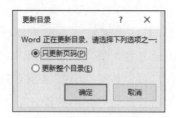

图 4-120 "更新目录"对话框

（2）多级符号的使用。

通过更改列表中项目的层次级别，可将原有的列表转换为多级符号列表。点击第一个编号以外的编号，并按"Tab"键或"Shift+Tab"组合键，也可以单击"增加缩进量"按钮或"减少缩进量"按钮。

单元 5
电子表格软件Excel

Excel 是 Microsoft 公司开发的电子表格软件,是微软公司的办公软件 Microsoft Office 的一个重要组件,是专业化的电子表格处理工具。它具有方便、快捷地生成、编辑表格及表格中的数据,具有对表格数据进行各种公式、函数计算、数据排序、筛选、分类汇总、生成各种图表及数据透视表与数据透视图等数据处理和数据分析功能。

Excel 在以前各版本原来功能的基础上新增了许多功能,如截图、扣图、迷你图等图形处理功能;全新切片和切块功能;在数据透视表中,提供了丰富的可视化功能,便于动态分割和筛选数据以显示所需要的内容;改进了文件格式对前一版本的兼容性并且较前一版本更加安全;增强了对 Web 功能的支持,用户可以通过浏览器直接创建、编辑和保存 Excel 文件,以及通过浏览器共享这些文件。因此,熟练地掌握 Excel 的操作,可以方便、快捷、轻松地处理日常生活和工作中的数据。

实验 1　工作表的基本操作

实验要求

(1) 掌握 Excel 工作薄的建立、保存与打开。

(2) 掌握工作表中数据的输入方法。

(3) 掌握工作表公式和函数的使用方法。

(4) 掌握工作表的插入、移动、复制、删除和重命名方法。

实验内容

(1) Excel 数据输入。

（2）数据计算和操作。

（3）添加批注。

（4）表格格式设置。

（5）工作表复制和隐藏。

实验步骤

1. Excel 数据输入

步骤一：启动 Excel，创建一个名为"tesalary"的工作薄并保存，在工作表"Sheet1"中输入数据，如图 5-1 所示。

	A	B	C	D	E	F
1			表1 教职工月工资表			
2					制表日期：2022-7-20	
3						
4	姓名	性别	基本工资	津贴	代扣	实发金额
5	陈花花	女	5223	1500	1225	5498
6	林小芝	女	5215	1300	2600	3915
7	姚东东	男	6215	1500	1200	6515
8	张萌汀	女	5220	1300	1125	5395
9	丁点	男	5231	2050	1360	5921
10	黄岐	女	3311	1600	1100	3811
11	田建国	男	5812	1500	1225	6087
12	徐小凤	女	5517	1420	1300	5637
13	合计					
14	平均					
15	男性教职工合计					
16	女性教职工合计					
17	最大值					
18	最小值					
19	工资范围统计					
20						

（a）"工资表"原始数据

	A	B	C	D	E	F	G	H	I
1			表1 教职工月工资表						
2				制表日期：2022-7-20					
3									
4	职工编号	姓名	性别	基本工资	津贴	代扣	实发金额	排名	说明
5	51012	陈花花	女	¥5,223.00	¥1,500.00	¥1,225.00	¥5,498.00	5	
6	51013	林小芝	女	¥5,215.00	¥1,300.00	¥2,600.00	¥3,915.00	7	
7	51014	姚东东	男	¥6,215.00	¥1,500.00	¥1,200.00	¥6,515.00	1	高工资
8	51015	张萌汀	女	¥5,220.00	¥1,300.00	¥1,125.00	¥5,395.00	6	
9	51016	丁点	男	¥5,231.00	¥2,050.00	¥1,360.00	¥5,921.00	4	
10	51017	黄岐	女	¥3,311.00	¥1,600.00	¥1,100.00	¥3,811.00	8	低工资
11	51018	田建国	男	¥5,812.00	¥1,500.00	¥1,225.00	¥6,087.00	2	高工资
12	51019	徐小凤	女	¥5,517.00	¥1,420.00	¥1,300.00	¥5,637.00	3	
13	合计		8	¥41,744.00	¥12,170.00	¥11,135.00	¥42,779.00		
14	平均			¥5,218.00	¥1,521.25	¥1,391.88	¥5,347.38		说明：本月工资按标准金额和时间发放。
15	男性教职工合计		3	¥17,258.00	¥5,050.00	¥3,785.00	¥18,523.00	信息工程系	
16	女性教职工合计		5	¥24,486.00	¥7,120.00	¥7,350.00	¥24,256.00		
17	最大值			¥6,215.00	¥1,500.00	¥2,600.00	¥6,515.00		
18	最小值			¥3,311.00	¥1,300.00	¥1,100.00	¥3,811.00		
19	工资范围统计		5000以下	5000-6000	6000以上				
20			1	6	1				

（b）实验样张

图 5-1　"工资表"原始数据和实验样张

步骤二:选中姓名及下方的职工姓名,单击鼠标右键,选择"插入"功能,点击"活动单元格右移"选项,并点击"确定",实现在姓名的左侧增加一列,列名为"职工编号",编号从51012依次递增,将"合计"及以下的几个单元格统计人数。在A5单元格输入"51012",并选中A5单元格,下拉至A12。单击"自动填充选项"→"填充序列",如图5-2所示。

图 5-2 "自动填充选项"设置

2. 数据计算和操作

步骤一:分别用公式计算出表中各空白单元格的值,其中:实发金额=基本工资+津贴-代扣,"性别"列下的空白单元格统计人数。

● 在第一名教职工的实发金额单元格中输入:=D5+E5-F5,然后向下复制到所有的教职工的实发金额单元格。

● 在C13合计总人数单元格中输入:=COUNTA(B5:B12)。

● 在C15男性总人数单元格中输入:=COUNTIF(C5:C12,"男")。

● 在C16女性总人数单元格中输入:=COUNTIF(C5:C12,"女")。

● 在D13基本工资合计单元格中输入:=SUM(D5:D12),然后向右复制完成其他项的合计。

● 在D14平均基本工资单元格中输入:=AVERAGE(D5:D12),然后向右复制完成其他项的平均。

● 在 D15 男性教职工基本工资合计单元格输入：＝SUMIF（＄C＄5：＄C＄12,"＝男",D5：D12），然后向右复制完成其他项的合计。

● 在 D16 女性教职工基本工资合计单元格输入：＝SUMIF（＄C＄5：＄C＄12,"＝女",D5：D12），然后向右复制完成其他项的合计。

● 在 D17 基本工资最大值单元格输入：＝MAX(D5：D12)，然后向右复制完成其他项的最大值计算。

● 在 D18 基本工资最小值单元格输入：＝MIN(D5：D12)，然后向右复制完成其他项的最小值计算。

● 在 C20 工资在 5000 元以下人数统计单元格中输入：＝COUNTIF(D5：D12,"＜5000")。

● 在 D20 工资在 5000～6000 元的人数统计单元格中输入：＝COUNTIF(D5：D12,"＜6000")-COUNTIF(D5：D12,"＜5000")。

● 在 E20 工资在 6000 元以上人数统计单元格中输入：＝COUNTIF(D5：D12,"＞＝6000")。

步骤二：将基本工资超过平均基本工资 10％以上的教职工的基本工资所在的单元格的底色设为绿色，将基本工资低于平均基本工资 20％以上的教职工的基本工资所在的单元格的底色设为黄色。

在"实发金额"列右边增加一列"说明"，在满足上述两种条件的教职工的相应的单元格中，用公式标注"高工资"或"低工资"。

● 选中所有的基本工资，单击"条件格式"。

● 在"条件格式"对话框中的第一个下拉列表中选择"大于"，在条件框中输入：＝＄D＄14＊1.1，单击"格式"按钮，在对话框中选择"图案"，选择绿色色块，单击"确定"，如图 5-3 和图 5-4 所示。

● 在"条件格式"对话框中的第一个下拉列表中选择"小于"，在条件框中输入：＝＄D＄14＊0.8，单击"格式"按钮，在对话框中选择"图案"，选择黄色色块，单击"确定"。

● 在"实发金额"右边添加"说明"一栏，第一名教职工对应的"说明"单元格中输入：＝IF(D5＞＄D＄14＊1.1,"高工资",IF(D5＜＄D＄14＊0.8,"低工资",""))，然后向下复制。

步骤三：对基本数据分别按基本工资降序、姓名升序排序。

步骤四：取消上一步的排序操作，在"实发金额"后增加一列"排名"，用 RANK 函数实现工资的排名。

● 在"说明"一栏的左侧建立新的一栏并命名为"排名"，选择第一名教职工对应的"排名"单元格，单击编辑组"自动求和"下拉框中的"其他函数"，在"插入函数"对话框中，"或选择类别"选择"全部"，找到 RANK 函数，单击"确定"，如图 5-5 所示。

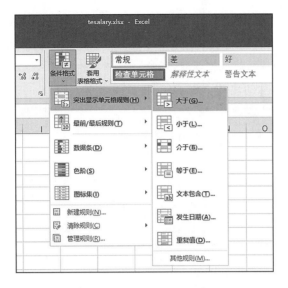

图 5-3　"条件格式"对话框

图 5-4　条件格式"大于"对话框

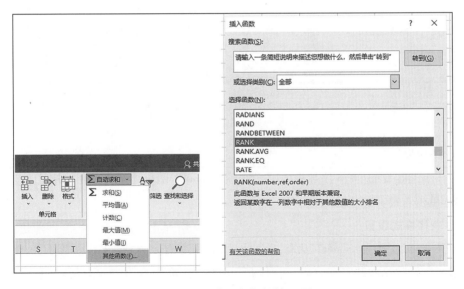

图 5-5　"其他函数"对话框设置

● 在弹出的对话框中，单击第一个输入框(数值框，即求该数据在某个数据序列中的名次)，然后光标单击第一名教职工的基本工资。

● 单击第二个输入框(数据序列框，即整个要排序的数据)，然后光标选中所有教职工的工资，则该输入框中自动出现：D5：D12，将其更改为：＄D＄5：＄D＄12 或者 D＄5：D＄12。更改的原因为：若不更改，该范围为相对范围，如果要将公式向下复制，该范围势必也将随着存放公式单元格的位置的改变而改变，本例中只有行的改变，所以也可以采取混合引用 D＄5：D＄12。

● 在第三个输入框中输入 0 或者 false。0 代表从大到小排序，非 0 或 true 代表从小到大排序，如图 5-6 所示。

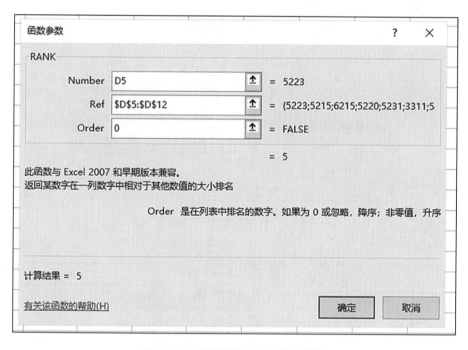

图 5-6　RANK 函数参数设置对话框

3. 添加批注

为林小芝扣发的 2600 添加批注："提前预支 2600 元，从本月工资中扣除"。选中 F6 单元格，单击右键，选中"插入批注"。

4. 表格格式设置

步骤一：对工作表"Sheet1"做格式化处理：表格所有字符用"宋体，12 号字，蓝色"格式，"基本工资""津贴""实发金额"和"代扣"栏的金额都用货币表示方法，并负数用红色显示，表头文字粗体，背景为天蓝色。选中"基本工资""津贴""实发金额"和"代扣"栏中的数据，单击右键→"设置单元格格式"→"数字"→"货币"，如图 5-7 所示。

图 5-7 "设置单元格格式"货币设置

步骤二:设置粗边框。

步骤三:将"排名"列下面的 8 个单元格合并,并输入竖排文字"信息工程系",并设置为"缩小字体填充""浅蓝色"对角线条纹。在"单元格"格式对话框中的"对齐"和"图案"选项卡中设置。

步骤四:将"说明"列下面的 8 个单元格合并,并输入文字"说明:本月工资按标准金额和时间发放。"在冒号后用"Alt+Enter"输入单元格内的换行符。

5. 工作表复制和隐藏

步骤一:将工作表"Sheet1"重命名为"tesalarytable"。为"tesalarytable"产生一个副本并将其隐藏,然后取消隐藏。在双击工作表名或右击工作表名后选择"重命名"。隐藏工作表,单击"格式"→"工作表"→"隐藏"。

步骤二:将工作表"tesalarytable"复制到一新的工作簿中。双击工作表名,在快捷菜单中选择"移动或复制工作表",在"工作表"下拉列表中选择"新工作簿",勾选"建立副本",单击"确定"。

实验 2　数据的图表化

实验要求

(1) 掌握嵌入图表和独立图表的创建方法。

(2) 掌握图表的格式化方法。

实验内容

(1) 数据输入。

(2) 图表建立与格式化。

实验步骤

1. 数据输入

输入图 5-8 所示的数据。

产品	第一季度		第二季度		第三季度		第四季度	
	最低	最高	最低	最高	最低	最高	最低	最高
A	500	1500	600	1200	1200	2000	400	900
B	600	1200	400	1500	1300	1900	500	800
C	800	1500	300	1300	1100	1800	300	700
D	400	1000	500	1400	1500	2100	600	1000

（公司各产品季度销售情况对比）

图 5-8　基础数据

2. 图表建立与格式化

步骤一：选中表格中的第一季度和第二季度的数据，在当前工作表中创建嵌入的簇状柱形图，图表的标题为"产品销售对比"，Y 轴标题设为"台"。

● 单击"插入"→图表工作组中"柱形图"→"二维柱形图"→"簇状柱形图"，如图5-9所示。

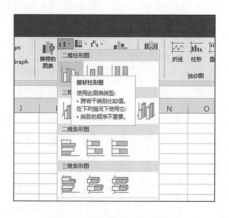

图 5-9　"簇状柱形图"设置

● 选中生成的柱形图表，再单击工具栏上方的"图表工具"→"图表设计"→"数据"工作组中"选择数据"，在打开的对话框中选择 A2∶E7 范围的数据，点击"确定"，如图5-10 和图 5-11 所示。

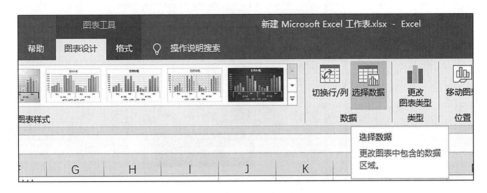

图 5-10　图表工具"选择数据"设置

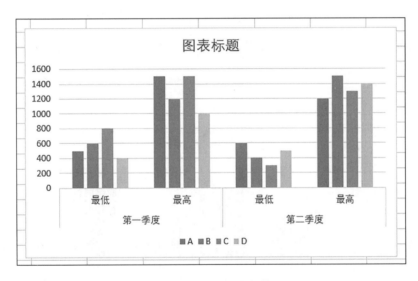

图 5-11　前两季度的簇状柱形图

● 单击"图表工具"→"图表布局"→"添加图表元素"工作组中"图表标题"→"图表上方"。

● 单击"图表工具"→"图表布局"→"添加图表元素"工作组中"坐标轴标题"→"主要纵坐标轴标题"，并在右侧"设置坐标轴标题格式"工具栏中，将标题栏文字方向设置为"竖排"，如图 5-12 所示，完成设置后的图形如图 5-13 所示。

步骤二：将上面图表的数据区域扩大到包括选中的数据，并将图表类型更改为"堆积折线图"，Y 轴最小值设为 100，使用"对数刻度"。

图 5-12　竖排标题的设置

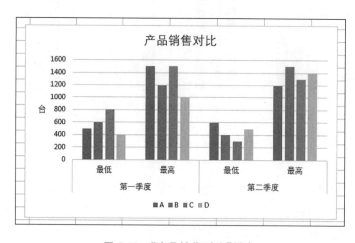

图 5-13　"产品销售对比"样表

● 扩大图表数据区域的方法:① 单击图表,图表的数据区域以蓝色和紫红色的边框标示,用鼠标拖动蓝色边框的四角的小方块;② 右键单击图表,在弹出的快捷菜单中选择数据源,在数据区域输入框中输入数据源的范围。

● 选中图表中空白区域,右键选择"更改图表类型",在打开的对话框中选择"堆积折线图"如图 5-14 和图 5-15 所示。

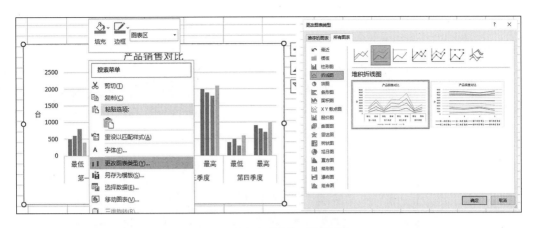

图 5-14 "更改图表类型"对话框

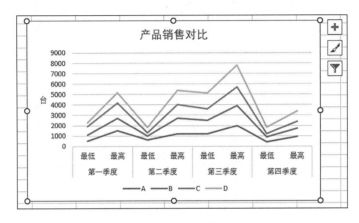

图 5-15 "产品销售对比"折线图

步骤三:建立各产品第二季度和第三季度产品销售对比的簇状柱形图。

首先选中"产品""第二季度""第三季度"数据的单元格,然后点击图表工作组中"柱形图"→"二维数柱形图"→"簇状柱形图"。右键单击"系列"数据栏,选择"选择数据"功能,点击"系列 1"→"编辑"→选择 A4 单元格。将"系列 1"变更为"A",重复上述步骤,分别修改系列 2、系列 3、系列 4 为 B、C、D,如图 5-16 所示。

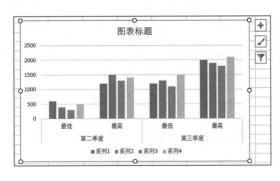

图 5-16 第二季度和第三季度产品销售对比图

步骤四:对第二季度和第三季度产品销售对比柱形图做如下格式化操作:

(1) 将图表区的字体大小设为 10 号,并选用最粗的圆角边框。将图表标题设置为华文新魏,18 号。右键单击图表,在快捷菜单中选择"字体"。

(2) 清除图例的边框,并将图例拖到图表的右下角。右键单击图表,在快捷菜单中选择"设置图表区格式",并在右侧的"设置图表区格式"中,将边框样式改为"圆角",如图 5-17 所示。

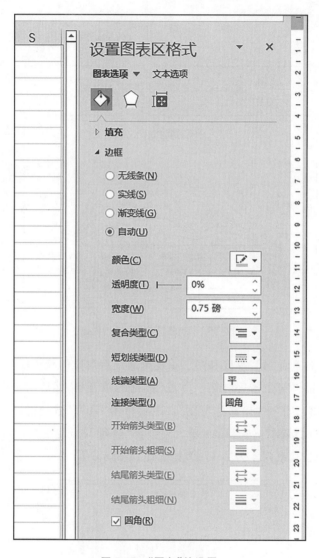

图 5-17 "圆角"的设置

(3) 去掉数据轴主要网格线。单击菜单栏"图表设计"→"添加图表元素"→"网格线",如图 5-18 所示。

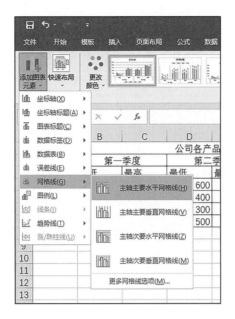

图 5-18 "网格线"设置

（4）设置将数值显示在柱的顶端，并将数值的字体大小改为 6 号。

单击菜单栏"图表设计"→"添加图表元素"→"数据标签"→"数据标签外"。

单击某一数据标志，右键弹出快捷菜单，选择"字体"，在对话框中设置字体大小，依次对 4 个数据系列的数据标志进行设置。右键单击横纵坐标轴，选择"设置坐标轴格式"，在"坐标轴选项"中，设置坐标轴刻度线的表现形式，如图 5-19 所示。

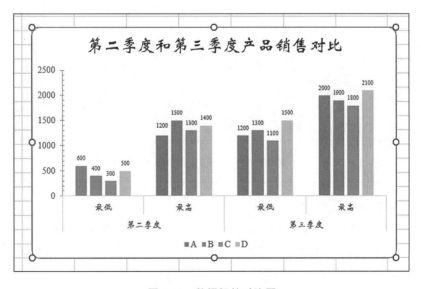

图 5-19 数据标签对比图

实验 3　数据管理

实验要求

(1) 掌握数据筛选与分类汇总的方法。

(2) 了解数据透视表的用法。

实验内容

(1) 建立数据表。

(2) 设置数据有效性。

(3) 数据筛选。

(4) 分类汇总。

(5) 数据透视。

(6) 数据分列。

实验步骤

1. 建立数据表

输入如图 5-20 所示数据。

	A	B	C	D	E	F	G	H
1	职工编号	专业	姓名	性别	基本工资	津贴	代扣	实发金额
2	25001	计算机	陈花花	女	5223	1500	1225	5498
3	25002	财经	林小芝	女	5215	1300	2600	3915
4	25003	英语	姚东东	男	6215	1500	1200	6515
5	25004	播音主持	张萌汀	女	5220	1300	1125	5395
6	25005	计算机	丁点	男	5231	2050	8000	-719
7	25006	财经	黄岐	女	3311	1600	1100	3811
8	25007	通信工程	田建国	男	5812	1500	1225	6087
9	25008	网络工程	徐小凤	女	5517	1420	1300	5637
10								

图 5-20　"数据表"原始数据

2. 设置数据有效性

步骤一：为性别类设置下拉列表输入框,选中该列,单击"数据"→"数据工具"工作组 →"数据验证",在打开的"数据验证"对话框中,单击"设置"选项卡的"允许"下拉列表中 的"序列"选项,在"来源"输入框中输入"男,女"(男女中间的逗号必须是英文输入法下的 逗号),如图 5-21 所示。

步骤二：将津贴列的值的输入限制在 1100～2500。选中该列,执行"数据"→"数据

图 5-21　"数据验证"对话框

工具"工作组→"数据验证"。在"设置"选项卡的"允许"下拉列表中选择"小数","数据"
下拉列表中选择"介于","最小值""最大值"分别设置为 1100 和 2500,在"输入信息"选项
卡的相应位置分别输入信息,如图 5-22 所示。

图 5-22　数据有效性设置对话框

3. 数据筛选

为基本数据建立自动筛选,完成下面的筛选:

步骤一:筛选"基本工资"超过 5500 元的职工,选中"基本工资"列,单击"编辑"工作
组中"排序和筛选"→"筛选",在"基本工资"右侧出现下拉按钮,单击"基本工资"下拉框
→"数字筛选"→"大于",如图 5-23 所示。

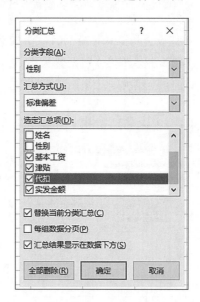

图 5-23 "筛选"对话框

步骤二：筛选"实发金额"超过 5500 元的男职工。

步骤三：筛选"代扣"在 2000 与 3000 之间的职工。

4. 分类汇总

步骤一：以"性别"为分类字段，建立"基本工资""津贴""代扣""实发金额"的分类汇总，分类汇总为"标准偏差"，保留 2 位小数。选择所有数据，执行"数据"→"分级显示"工作组→"分类汇总"，在打开的对话框中按照要求选择，如图 5-24 所示。

图 5-24 "分类汇总"对话框

步骤二：选择所有数据，执行"数据"→"分级显示"工作组→"分类汇总"→"全部删除"，完成删除分类汇总操作。

5. 数据透视，以上述数据为基础，在新的工作表中建立透视表

步骤一：选择所有数据，执行"插入"菜单栏→"表格"工作组→"数据透视表"，选择"表格或区域"，如图 5-25 所示。

图 5-25　创建"数据透视表"对话框

步骤二：单击"确定"，得到如图 5-26 所示对话框。将"性别"字段拖到"列"区域，将"基本工资"等其他字段拖到"数值"区域。

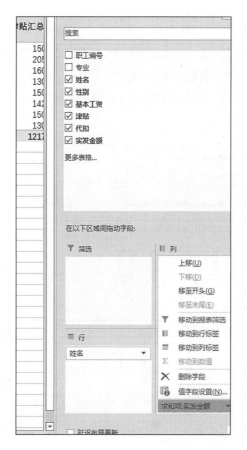

图 5-26　"数据透视表"字段设置对话框

步骤三：选中"求和项：实发金额"单元格，单击按钮，在弹出的对话框中点击"值字段设置"，将值汇总方式更改为"平均值"，单击"确定"按钮，如图 5-27 所示。

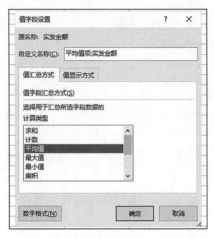

图 5-27　更改"汇总方式"对话框

6. 数据分列

将"姓名"列分为"姓"和"名"两列。点击左下方表格"Sheet1"返回原始表格，首先在"姓名"列右边增加一空白列（选中"性别"列，单击鼠标右键，选择"插入"），然后选中"姓名"列，选择"数据"菜单栏→"数据工具"工作组→"分列"→"固定宽度"→"下一步"，单击标尺上的在"姓"后的刻度处，出现分隔竖线，如图 5-28 所示。继续单击"下一步"→"完成"→"确定"。

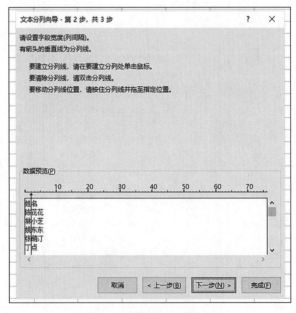

图 5-28　"数据分列"向导

实验 4 Excel 模拟运算应用

实验要求

（1）掌握 PMT()的使用方法。

（2）了解模拟运算的基本用法。

实验内容

（1）建立基本数据。

（2）计算贷款组合方案。

实验步骤

假设某人买房，需要资金 100 万，一部分由银行贷款获得，采取每月等额还款的方式，贷款数额和还款期限该怎样选择呢？在手工情况下，要解决这一问题，计算复杂、耗时多，而 Excel 模拟运算表则是一个很好的解决问题的工具。Excel 模拟运算表是一种只需一步操作就能计算出所有变化的模拟分析工具。它可以显示公式中某些值的变化对计算结果的影响，为同时求解某一运算中所有可能的变化值组合提供了捷径。并且，模拟运算表还可以将所有不同的计算结果同时显示在工作表中，便于使用者查看和比较。

假设贷款年利率为 6.66%。以 30 万、40 万、50 万、60 万、70 万、80 万、90 万的贷款金额为例，分别以 10 年、15 年、20 年、25 年和 30 年为贷款年限，计算各种贷款金额和各种贷款年限还款的组合方案，这样就可以选择适合自己的贷款组合方案了。

1. 建立基本数据

输入如图 5-29 所示的贷款组合方案的基本数据。

	A	B	C	D	E	F	G
1			银行贷款方案试算				
2		贷款金额	900000				
3		贷款年利率	6.66%				
4		贷款年限	10				
5		每年还款期数	12				
6		总还款期数					
7		每期还款金额					
8							
9	年限	每期还款金额	预定还款周期				
10	金额		120	180	240	300	360
11		900000					
12		800000					
13		700000					
14	贷款金额	600000					
15		500000					
16		400000					
17		300000					

图 5-29 贷款组合方案原始数据

2. 计算贷款组合方案

以贷款金额 90 万且贷款年限 10 年的组合为例,利用 PMT()函数计算每个月应还款的金额(其中包含本金和利息两部分)。

步骤一:计算总还款期数。总还款期数是贷款年限与每年还款期数的乘积,即总还款期数=贷款年限 * 每年还款期数,在选择 C6 单元格后,输入公式"=C4 * C5"即可。

步骤二:计算每期还款金额。每期还款金额属于年金问题,因此,计算每期还款金额可使用 PMT()函数。选择 C7 单元格后,输入公式"=PMT($C$3/$C$5,$C$6,$C$2)"即可。

步骤三:列示"贷款金额"和"预定还款周期"各种可能的数据,在(A11:A16)、(C10:G10)单元格区域操作,并在行与列交叉的 B10 单元格中输入目标函数 PMT(),即在该单元格中输入公式"=PMT($C$3/$C$5,$C$6,$C$2)"。

步骤四:选择目标单元区域(B10:G17),执行"数据"→"预测"→"模拟分析"→"模拟运算表"命令,出现如图 5-30 所示的对话框。在其对话框的"输入引用行的单元格"中输入"c6",在"输入引用列的单元格"中输入"c2",再单击"确定"按钮,各分析值自动填入表中,如图 5-31 中(C11:G17)单元格区域所示。

图 5-30 "模拟运算表"对话框

	A	B	C	D	E	F	G
1			银行贷款方案试算				
2		贷款金额	900000				
3		贷款年利率	6.66%				
4		贷款年限	10				
5		每年还款期数	12				
6		总还款期数	120				
7		每期还款金额	¥-10,292.74				
8							
9	年限	每期还款金额	预定还款周期				
10	金额	¥-10,292.74	120	180	240	300	360
11		900000	-10292.74	-7919.345	-6795.203	-6167.151	-5783.642
12		800000	-9149.1	-7039.418	-6040.181	-5481.912	-5141.015
13		700000	-8005.463	-6159.491	-5285.158	-4796.673	-4498.389
14	贷款金额	600000	-6861.825	-5279.563	-4530.136	-4111.434	-3855.762
15		500000	-5718.188	-4399.636	-3775.113	-3426.195	-3213.135
16		400000	-4574.55	-3519.709	-3020.09	-2740.956	-2570.508
17		300000	-3430.913	-2639.782	-2265.068	-2055.717	-1927.881

图 5-31 各种贷款组合方案的计算结果

由于在工作表中,每期还款金额与贷款金额(单元格 C2)、贷款年利率(单元格 C3)、贷款年限(单元格 C4)、每年还款期数(单元格 C5),以及各因素可能组合(单元格区域 B11:B17 和 C10:G10),这些基本数据之间建立了动态链接。因此,可通过改变单元格 C3、C4、C5 或 C6 中的数据,或调整单元格区域 B11:B17 和 C10:G10 中的各因素可能组合,各分析值将会自动计算,不用再重复上述步骤。人们可以观察到不同年限、不同贷款金额下,每期还款金额的变化。

  验证模拟运算的正确性:在单元格 C11 中输入公式"=PMT(＄C＄3/＄C＄5,C＄10,＄B11)",然后向下和向右填充至 G17,与刚才运算结果比较,会发现结果是一致的,更改贷款年利率的值则数据随之变化。

单元6
PowerPoint 2016演示文稿软件应用

为了便于演示和宣传,通常将专家报告、产品演示、广告宣传等设计制作成电子版幻灯片,即演示文稿。然后,通过计算机屏幕或投影机播放演示文稿,以达到宣讲的目的。

演示文稿程序是创建、编辑和放映电子幻灯片的软件,用户使用它可以在演示文稿中输入文本、绘制对象、创建图表,可以使用打印机打印演示文稿或通过 Internet 传送演示文稿。制作易于理解、思路清晰、重点突出的演示文稿有利于沟通交流。

PowerPoint 2016 是一个演示文稿程序,用户可以使用它创建、编辑专业的演示文稿。

实验 1 创建和编辑演示文稿

实验要求

制作如图 6-1 所示的“计算机的特点、用途和分类”演示文稿,期望读者通过制作该演示文稿,掌握以下知识:

(1)掌握演示文稿建立的基本过程。

(2)掌握演示文稿美化的基本方法。

(3)掌握演示文稿中文本、图形、艺术字等对象的基本编辑方法。

(4)掌握演示文稿中超链接、动画、音效、切换效果等设置方法。

实验内容

(1)启动 PowerPoint 2016,建立空白演示文稿,演示文稿由 6 张幻灯片组成,录入如图 6-1 所示的演示文稿中第 1 张至第 5 张幻灯片的文本(第 6 张幻灯片留待插入艺术字)。

（a）第1张幻灯片

（b）第2张幻灯片

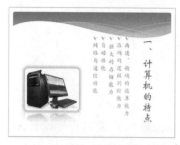

（c）第3张幻灯片

（d）第4张幻灯片

（e）第5张幻灯片

（f）第6张幻灯片

图 6-1　"计算机的特点、用途和分类"演示文稿

　　（2）设置"波形"主题，并将其应用于所有幻灯片。

　　（3）在第 3 张幻灯片中插入"计算机外形"主题素材图片，在第 4 张幻灯片中插入"计算机应用"主题素材图片。

　　（4）对第 2 张幻灯片中的文本添加超链接。

　　（5）对第 5 张幻灯片中文本框设置"形状轮廓"和"形状效果"。

　　（6）在第 6 张幻灯片中插入艺术字"谢谢"。

　　（7）分别对每张幻灯片添加动画效果。

　　（8）为艺术字"谢谢"添加沿不规则曲线运动的动画效果，并设置声音效果为"鼓掌"。

　　（9）为所有幻灯片设置"切换"效果。

　　（10）保存演示文稿。

实验步骤

1. 启动 PowerPoint 2016, 建立空白演示文稿

演示文稿由 6 张幻灯片组成, 录入如图 6-1 所示的演示文稿中第 1 张至第 5 张幻灯片的文本(第 6 张幻灯片留待插入艺术字)。

设置第 1 张幻灯片的版式为"标题幻灯片", 第 2 张、第 4 张、第 6 张幻灯片的版式为"标题和内容", 第 3 张幻灯片的版式为"竖排标题与文本", 第 5 张幻灯片的版式为"两栏内容"。

在左侧幻灯片缩略图上单击鼠标右键, 在"版式"功能中选择对应的版式进行设置, 如图 6-2 所示。

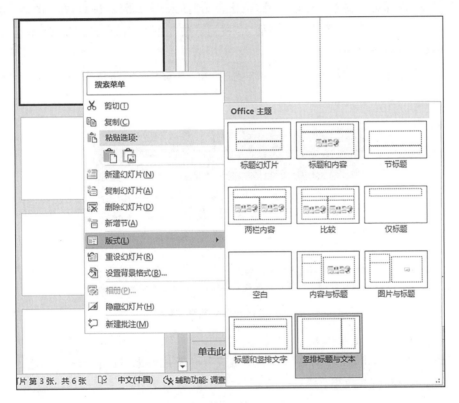

图 6-2　PPT 版式主题

2. 设置"波形"主题, 并将其应用于所有幻灯片

单击"设计"按钮, 在打开的"主题"工具组中选择"电路"主题, 右键单击主题并将其应用于所有幻灯片, 如图 6-3 所示。

3. 插入主题素材图片

在第 3 张幻灯片中插入素材图片"计算机.jpg", 在第 4 张幻灯片中插入剪贴画"j0287005.wmf", 如图 6-1 第 3 张、第 4 张幻灯片所示。

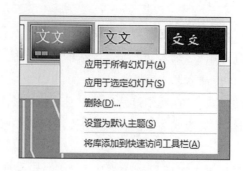

图 6-3 设置"波形"主题

步骤一：鼠标定位到第 3 张幻灯片，依次单击"插入"→"图像"按钮，在"图片"功能中选择来自本地的"计算机"图片，单击"插入"按钮。使用图片四周的控制柄调整至合适大小，然后将其移至适当的位置。

步骤二：单击"图片工具"→"图片格式"按钮，选择"映像圆角矩形"样式，如图 6-4 所示。

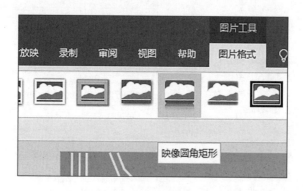

图 6-4 "映像圆角矩形"样式

步骤三：依次单击"图片工具"→"图片格式"→"图片效果"按钮，选择"发光"→蓝色，18pt 发光，主题颜色 5 效果。

步骤四：鼠标定位到第 4 张幻灯片，依次单击"插入"→"图片"按钮，选择"联机图片"。在搜索框中输入"商务剪影"，然后单击"搜索"按钮，在搜索结果中找到合适的剪贴画，选择"插入"命令。调整剪贴画的大小，并将其移动至合适的位置。

步骤五：依次单击"图片工具"→"图片格式"命令，选择"圆形对角，白色"样式。

4. 对第 2 张幻灯片中的文本添加超链接

选中"一、计算机的特点"，在右键快捷菜单中选择"插入超链接"，在"插入超链接"对话框中"链接到"列表中选择"本文档中的位置"，在"请选择文档中的位置"列表框中单击"一、计算机的特点"，单击"确定"，如图 6-5 所示。其余依此操作。

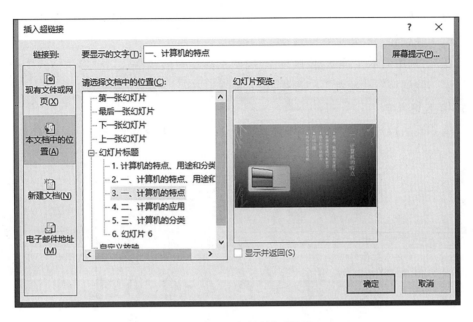

图 6-5 "插入超链接"对话框

5. 对第 5 张幻灯片中文本框设置"形状轮廓"和"形状效果"

步骤一:选中上方文本框,依次单击"绘图工具"→"形状格式"→"形状样式"→"形状轮廓"按钮,主题颜色设置为浅蓝,背景 2,深色 50%,粗细设置为 0.75 磅,如图 6-6 所示。另外两个文本框设置相同。

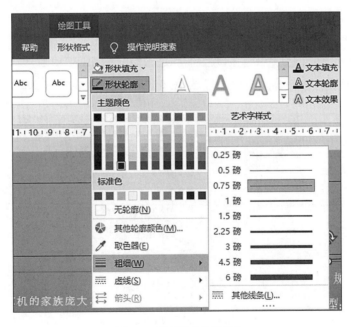

图 6-6 设置"形状轮廓"

步骤二:选中左侧文本框,依次单击"绘图工具"→"形状格式"→"形状样式"→"形状效果"→"三维旋转"→"角度"→"透视:上"按钮。

步骤三:选中右侧文本框,依次单击"绘图工具"→"形状格式"→"形状样式"→"形状效果"→"三维旋转"→"角度"→"透视:极左极大"按钮。

6. 插入艺术字

在第 6 张幻灯片中插入艺术字"谢谢",并调整其大小和位置,如图 6-7 所示。

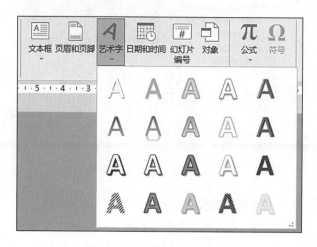

图 6-7　插入艺术字

7. 添加动画效果

分别对第 1 至第 5 张幻灯片中的元素使用"动画"选项卡中的动画效果。

步骤一:对第 1 张幻灯片中主标题设置"进入"中的"出现"动画,为副标题设置"进入"中的"飞入"动画,方向改为"自底部",如图 6-8 所示。

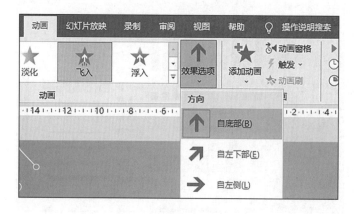

图 6-8　设置动画效果

步骤二：对第2张幻灯片中标题设置"进入"中的"浮入"动画，对内容文本框中的文本设置"进入"中的"旋转"动画，"效果选项"设置为"全部一起"。对图片设置"进入"中的"劈裂"动画。

步骤三：对第3张幻灯片中标题设置"进入"中的"弹跳"动画，对内容文本框中的文本设置"进入"中的"翻转式由远及近"动画，"效果选项"设置为"按段落"。

步骤四：对第4张幻灯片中标题设置"进入"中的"擦除"动画。对内容文本框中的文本设置"进入"中的"缩放"动画，"效果选项"中"消失点"设置为"幻灯片中心"，"序列"设置为"作为一个对象"。对图片设置"进入"中的"螺旋飞入"动画。

步骤五：对第5张幻灯片中标题设置"进入"中的"劈裂"动画。对左侧文本框及其中的文本设置"进入"中的"挥鞭式"动画，"效果选项"设置为"按段落"，对右侧文本框及其中的文本设置"进入"中的"展开"动画，"效果选项"设置为"按段落"。

8. 为艺术字"谢谢"添加沿不规则曲线运动的动画效果，并设置声音效果为"鼓掌"

步骤一：选中艺术字，依次单击"添加动画"→"动作路径"→"自定义路径"，进入"动作路径"绘制状态，移动鼠标绘制一条曲线，双击完成"动作路径"绘制，完成状态如图6-9所示。

图6-9　绘制动作路径

步骤二：单击"动画窗格"按钮打开"动画窗格"任务窗格，在动画列表框中鼠标右键单击"谢谢"动画栏，选择"效果选项"，弹出"自定义路径"对话框，在"效果"选项卡中，选择"声音"下拉列表框中的"鼓掌"选项，如图6-10所示。

9. 为所有幻灯片设置"切换"效果

步骤一：选择第1张幻灯片，单击"切换"菜单，在展开的"切换到此幻灯片"工具组中，选择"推入"效果，在"效果选项"中，方向设置为"自底部"，如图6-11所示。

步骤二：用同样的方法，将第2张幻灯片设置为"推进"效果，在"效果选项"中，选择"自左侧"；将第3张幻灯片设置为"揭开"效果，在"效果选项"中，选择"自左侧"；将

图 6-10　设置声音效果

图 6-11　设置切换效果

第 4 张幻灯片设置为"涟漪"效果,在"效果选项"中,选择"自左下部";将第 5 张幻灯片设置为"百页窗"效果,在"效果选项"中,选择"垂直";将第 6 张幻灯片设置为"闪光"效果。

10. 保存

保存演示文稿。

实验2 使用母版、图形增强演示文稿

实验要求

制作如图 6-12 所示的"计算机的五大组成部分"演示文稿,期望读者通过制作该演示文稿,掌握以下知识:

(1)掌握幻灯片母版的编辑和使用方法。

(2)掌握 SmartArt 的编辑和使用方法。

(3)掌握音频文件的编辑和使用方法。

图 6-12 "计算机的五大组成部分"演示文稿

实验内容

(1)启动 PowerPoint 2016,新建一个空演示文稿,进入幻灯片母版编辑状态。

(2)编辑幻灯片母版。

(3)将"母版标题样式"的字体设为"楷体",字号设为 44。将"母版文本样式"的字体设为"新宋体",字号设为 28。

(4)在母版中插入剪贴画 Computer with Tower,调整大小,并将其移至幻灯片右下角。

(5)在母版中插入文本框,调整大小,并输入文本"作者:张三",然后将其移至幻灯片左下角。

(6)关闭母版视图,将演示文稿保存为"演示文稿设计模板",命名为"我的演示文稿模板.potx"。

(7)新建一个空演示文稿,使用"我的演示文稿模板"修饰。

(8)按照下列要求,完成第 1 张幻灯片的制作:

● 在幻灯片标题框中输入"计算机的五大组成部分";

● 在幻灯片中插入音频素材文件 abc.mp3,设置"幻灯片放映时隐藏声音图标"和"循

环播放,直到停止"。

(9) 插入一张新幻灯片。按照下列要求,完成第2张幻灯片的制作:

● 在幻灯片标题框中输入"计算机的五大组成部分";

● 在幻灯片中插入"分离射线"图示。在图示中输入如图6-12所示文本;

● 将幻灯片中"分离射线"图示设置为"嵌入"样式。

(10) 设置"分离射线"图示动画效果为"进入"下的"回旋",图示动画为"顺时针—向外"。

(11) 保存演示文稿。

实验步骤

1. 启动 PowerPoint 2016,新建一个空演示文稿,进入幻灯片母版编辑状态

新建一个空演示文稿,依次单击"视图"→"母版视图"→"幻灯片母版"按钮,进入幻灯片母版编辑状态。

2. 编辑幻灯片母版

在"幻灯片母版"选项卡中,点击"背景"菜单右下角的箭头符号,打开"设置背景格式"窗口。在此窗口中设置背景色填充效果为渐变填充,预设颜色为"顶部聚光灯-个性色1",类型为"线性",点击"全部应用",如图6-13所示。

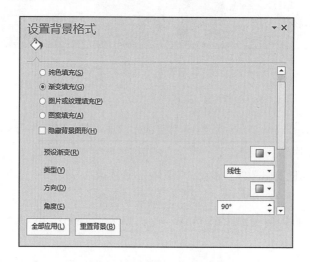

图 6-13 "设置背景格式"对话框

3. 将"母版标题样式"的字体设为"楷体",字号设为 44。将"母版文本样式"的字体设为"新宋体",字号设为 28

步骤一:在幻灯片母版视图下选中标题文本中的"单击此处编辑母版标题样式"。

步骤二:依次单击"开始"→"字体"按钮,设置字体为"楷体",字号设为 44。在此可对字体其他样式,如颜色等进行设置。

步骤三:设置"母版文本样式"字体的方法一样,不再赘述。

4. 插入图片

在母版中插入台式计算机图片,图片来源本机图片或是联机图片,调整大小,并将其移至幻灯片的右下角。

5. 插入文本框

在母版中插入文本框,调整大小,并输入文本"作者:张三",然后将其移至幻灯片左下角。

6. 关闭母版视图,将演示文稿保存为"演示文稿设计模板",命名为"我的演示文稿模板.potx"

步骤一:单击"幻灯片母版"选项卡下的"关闭母版视图"按钮,返回普通视图。

步骤二:依次单击"文件"→"保存"按钮,在弹出的"另存为"对话框中的"保存类型"下拉列表框中选择"PowerPoint 模板"选项,输入文件名"我的演示文稿模板"后,单击"保存"按钮,如图 6-14 所示。

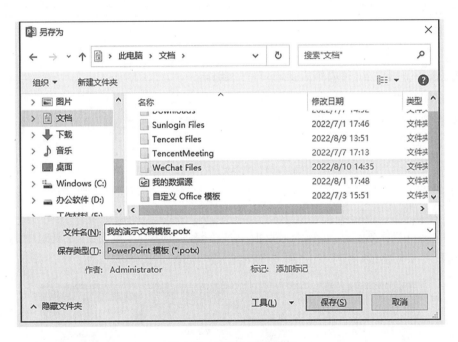

图 6-14 保存为设计模板

7. 新建一个空演示文稿,使用"我的演示文稿模板"修饰

步骤一:依次单击"文件"→"新建"按钮,选择"空白演示文稿"选项,单击"创建"按钮。

步骤二:在空演示文稿普通视图下,依次单击"设计"→"其他"(主题功能界面右侧按钮)→"浏览主题",在弹出的"选择主题或主题文档"对话框中选择"我的演示文稿模板",单击"应用"按钮,如图 6-15 所示。

10. 将幻灯片中"分离射线"图示设置为"嵌入"样式

步骤一：插入一张新幻灯片，在幻灯片标题框中输入"计算机的五大组成部分"。

步骤二：依次单击"插入"→"SmartArt"按钮，打开"选择 SmartArt 图形"对话框，选择 "分离射线"图示类型，单击"确定"按钮，如图 6-17 所示。

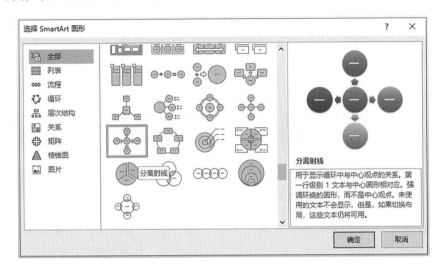

图 6-17 "选择 SmartArt 图形"对话框

步骤三：右键单击其中一个形状图示，在弹出的快捷菜单中选择"添加形状"命令，在形状图示中依次输入"计算机""运算器""控制器""存储器""输入设备"和"输出设备"，若图形数量不够，可使用复制、粘贴新增图形，如图 6-18 所示。

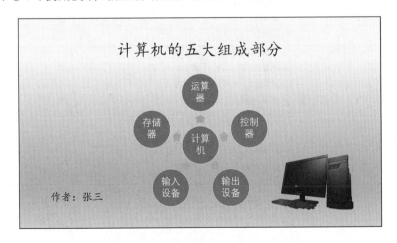

图 6-18 "添加形状"并加入文本后的图示

步骤四：在"SmartArt 工具"选项卡上选择"设计"按钮，单击"SmartArt 样式"工具组中的"更改颜色"按钮，在弹出的对话框中选择"彩色范围-个性色 2 至 3"，同时选择"嵌入"样式，如图 6-19 所示。

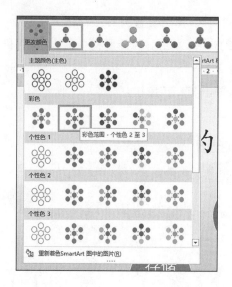

图 6-19　"SmartArt 样式"工具组

11. 设置"分离射线"图示动画效果为"进入"下的"回旋",图示动画为"顺时针—向外"

选中幻灯片中的某个图示,单击"动画"→"其他"按钮,在展开的选项中单击"更改进入效果"按钮,在打开的"更改进入效果"对话框中选择"回旋"效果,点击"确定",如图 6-20 所示。

图 6-20　"更改进入效果"对话框

12. 保存

保存演示文稿。

实验 3 综合实验

实验要求

制作一个"美丽风景相册"演示文稿,期望读者通过制作该演示文稿,掌握以下知识:

(1) 掌握相册演示文稿的创建方法。

(2) 掌握背景音乐的设置方法。

(3) 掌握切换效果设置方法。

(4) 掌握动画方案的应用方法。

(5) 掌握排练计时的设置方法。

(6) 掌握相册演示文稿的保存、加密、打包方法。

(7) 掌握将相册演示文稿转换为视频文件的方法。

实验内容

(1) 启动 PowerPoint 2016,新建一个空白演示文稿。

(2) 依次单击"插入"→"相册"→"新建相册"按钮。

(3) 单击"文件/磁盘"按钮,打开"插入新图片"对话框,选择需要的图片。

(4) 设置图片格式。

(5) 单击"创建"按钮,图片被一一插入到演示文稿中,并自动在第 1 张幻灯片中留出相册的标题,输入相册标题等内容。

(6) 单击左侧幻灯片缩略图,分别选中每一张幻灯片,依次为每一张幻灯片的相片配上标题。

(7) 准备一个音频文件,插入音频文件。

(8) 设置音频文件播放效果,作为背景音乐。

(9) 设置幻灯片切换效果。

(10) 添加动画效果。

(11) 设置排练计时。

(12) 保存电子相册。

(13) 加密电子相册。

(14) 打包电子相册。

(15) 将相册演示文稿转换为视频文件。

实验步骤

1. 新建演示文稿

启动 PowerPoint 2016,新建一个空白演示文稿。

2. 单击相应按钮

依次单击"插入"→"相册"→"新建相册"按钮,打开"相册"对话框,如图 6-21 所示。

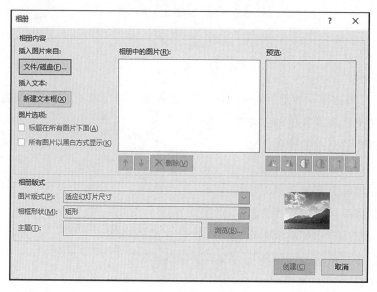

图 6-21　"相册"对话框

3. 选择需要的图片

单击"文件/磁盘"按钮,打开"插入新图片"对话框,选择需要的图片,如图 6-22 所示。

图 6-22　"插入新图片"对话框

在选中相片时,按住 Shift 键或 Ctrl 键,可以一次性选中多个连续或不连续的图片文件。

4. 设置图片格式

步骤一:在"相册"对话框区域中,勾选预选的图片,通过上下箭头按钮可以批量调整图片的先后顺序,通过旋转按钮可旋转图片,通过对比度按钮可调整图片的对比度,通过亮度按钮可调整图片的亮度,如图 6-23 所示。

图 6-23 相册功能界面

步骤二:单击"图片版式"右侧的下拉按钮,选择图片版式。例如选择"2 张图片(带标题)"选项;单击"相框形状"右侧的下拉按钮,选择相框形状,例如选择"柔化边缘矩形"选项;单击"主题"右侧的"浏览"按钮,弹出"选择主题"对话框,如图 6-24 所示,选择其中一个主题,例如 Wisp 主题,单击"选择"按钮,返回"相册"对话框。

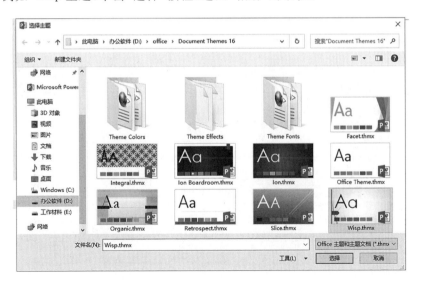

图 6-24 "选择主题"对话框

5. 输入相册标题等内容

单击"创建"按钮,图片被一一插入到演示文稿中,并自动在第 1 张幻灯片中留出相册的标题,输入相册标题等内容,例如:美丽风景相册,由李四创建,效果如图 6-25 所示。

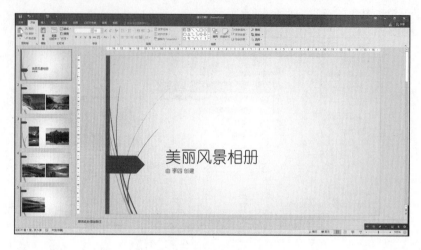

图 6-25　标题幻灯片

6. 为每一张幻灯片的相片配上标题

单击左侧幻灯片缩略图,分别选中每一张幻灯片,依次为每一张幻灯片的相片配上标题。

7. 准备一个音频文件,插入音频文件

依次单击"插入"→"音频"→"PC 上的音频"按钮,打开"插入音频"对话框,选择相应的音频文件,如图 6-26 所示。单击"插入"按钮将音频文件插入到第 1 张幻灯片中,此时幻灯片中出现一个小喇叭标记。

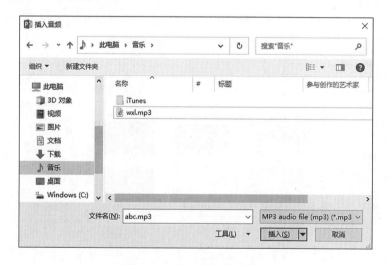

图 6-26　"插入音频"对话框

8. 设置音频文件播放效果,作为背景音乐

步骤一:选中编辑区的小喇叭标记,单击"动画"→"动画窗格"按钮,在屏幕右方打开"动画窗格"对话框,在该对话框中单击音频文件右方的下拉按钮,选择"效果选项",如图6-27所示,弹出"播放音频"对话框,如图6-28所示。

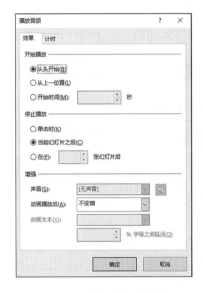

图 6-27　动画窗格对话框　　　　　图 6-28　播放音频对话框

步骤二:在"播放音频"对话框中选择"效果"选项卡,可以设置音乐开始播放的时间和停止播放的时间。

步骤三:在"播放音频"对话框中选择"计时"选项卡,可以设置音乐开始的方式。

9. 设置幻灯片切换效果

步骤一:选中需要设置切换方式的幻灯片缩略图。例如,选中第1张幻灯片缩略图,单击"切换"菜单工具栏中的一种切换效果,如单击"形状"效果。

步骤二:在工具栏的右方根据需要设置"效果选项""声音""持续时间""换片方式"等,如效果选项设置为"菱形",持续时间设置为"02.00",换片方式选择"单击鼠标时"等,如图6-29所示。

图 6-29　"切换"工具栏

注意:如果需要将此切换效果应用于整个演示文稿的所有幻灯片,则在上述任务窗格中单击"全部应用"按钮。

10. 添加动画效果

步骤一:选中要添加动画效果的对象,例如单击选中第 1 张幻灯片中的标题文本框。

步骤二:单击菜单栏的"动画"选项卡,在对应的工具栏中选择其中一个动画效果,例如选择"轮子"效果,在工具栏的右方根据需要设置"效果选项""持续时间""开始方式"等,例如效果选项设置为"2 轮辐图案(2)",持续时间设置为"02.00",开始方式选择"上一动画之后"等,如图 6-30 所示。

图 6-30　设置动画效果

注意:如果有多个对象需要设置相同的动画效果,可以使用"动画刷"一刷,即可轻松复制动画效果。

11. 设置排练计时

步骤一:选中第 1 张幻灯片缩略图,单击"幻灯片放映"菜单,在对应的工具栏上单击"排练计时"按钮,自动启动幻灯片放映视图进入排练放映状态,同时出现一个录制时间导航条,如图 6-31 所示。

图 6-31　录制时间导航条

步骤二:单击"录制"工具栏的"下一项"按钮,可以切换到下一张幻灯片的放映时间设置。"暂停"按钮暂时停止当前的录制,再次单击"继续录制"按钮可以从暂停的地方继续原来的录制。"幻灯片放映时间"框中显示每个幻灯片的放映时间。"重复"按钮的作用是重新将这个幻灯片录制的时间归零,即回到本页的第一个动画执行之前的地方重新录制该页幻灯片,"录制"工具栏最后显示的时间是所有幻灯片放映的总时间。

12．保存电子相册

将相册演示文稿保存为自动放映的方式，这样打开相册的时候就直接进入放映方式而不会进入编辑窗口。

单击"文件"→"另存为"按钮，打开"另存为"对话框，在该对话框中选择保存的位置，输入保存的文件名，如"美丽风景相册"，保存类型选择"PowerPoint 放映"即"PPSX"格式，单击"保存"按钮即可。

13．加密电子相册

如果不希望别人打开自己制作的电子相册，可以通过设置打开密码来限制。

步骤一：依次单击"文件"→"信息"→"保护演示文稿"按钮，弹出下拉菜单，如图 6-32所示。

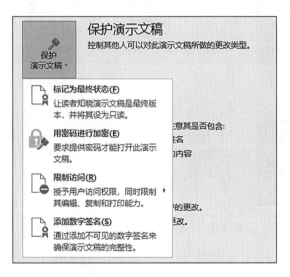

图 6-32　"保护演示文稿"对话框

步骤二：选择"用密码进行加密"选项，弹出"加密文档"对话框，如图 6-33 所示。

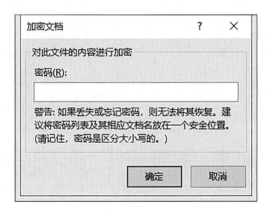

图 6-33　"加密文档"对话框

步骤三：输入自定义的密码后单击"确定"按钮，重新输入自定义的密码，再次单击"确定"按钮返回。

步骤四：单击"保存"按钮对所做的修改进行保存，至此，电子相册加密完成。

14. 打包电子相册

PowerPoint 软件提供了"打包"功能，使得经过打包后的 PowerPoint 演示文稿在任何一台 Windows 操作系统的机器中都可以正常放映。

步骤一：单击"文件"→"导出"按钮，弹出下一级菜单。

步骤二：选择"将演示文稿打包成 CD"选项，弹出"将演示文稿打包成 CD"窗格，如图6-34 所示。

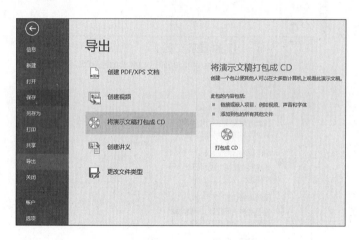

图 6-34　"将演示文稿打包成 CD"窗格

步骤三：单击"打包成 CD"按钮，弹出"打包成 CD"对话框，如图 6-35 所示。

图 6-35　"打包成 CD"对话框

步骤四：在名称框中输入打包之后的相册的名称，然后点击"复制到文件夹"按钮，打开"复制到文件夹"对话框，如图 6-36 所示。

图 6-36　"复制到文件夹"对话框

步骤五：单击"浏览"按钮，打开"选择位置"对话框，选择打包的位置，如图 6-37 所示。例如，选择事先创建的"相册 CD"文件夹，单击"选择"按钮，返回"复制到文件夹"对话框。

图 6-37　"选择位置"对话框

步骤六：单击"确定"按钮，弹出对话框，选择"是"，即可完成打包操作。

15．将相册演示文稿转换为视频文件

PowerPoint 2016 新增的转换功能可以非常轻松地完成转换工作。

方法 1：打开一个 PPTX 格式的文件，直接另存为"．wmv"格式。

方法 2：单击"文件"→"导出"→"创建视频"菜单，可设置每张幻灯片播放的时间，如图 6-38 所示。点击"创建视频"按钮，弹出另存为对话框，另存为"．wmv"格式。

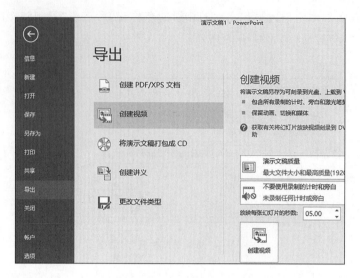

图 6-38 "创建视频"菜单

○ **操作题** ○

(1) 新建一个演示文稿完成以下操作。

① 在第一张新幻灯片中设置：

步骤一：设置主标题的文字内容为"校园"，字形为"加粗、倾斜"，字号为"60"。

步骤二：设置副标题文字内容为"周边环境"，超级链接为"下一张幻灯片"。

步骤三：插入一个音频文件，设置音频操作为"自动"播放。

② 插入一张新幻灯片，版式为"垂直排列标题与文本"，并完成以下设置：

步骤一：设置标题文字内容为"网吧"，字号为"40"。

步骤二：设置文本内容为"上网"。

步骤三：插入任意一副剪贴画，设置高度为"6.22 厘米"，宽度为"10.59 厘米"。

③ 设置所有幻灯片的切换效果为"百叶窗"。

④ 设置整个演示文稿的主题为"凸显"。

(2) 新建一个演示文稿完成以下操作。

① 设置第一张幻灯片主题为"气流"，幻灯片版式为"空白"：

步骤一：插入一个横排文本框，设置文字内容为"英语单词测试"，字体为"华文彩云"，字号为"60"，颜色为"橙色"。

步骤二：自定义动画为"出现"，增强动画文本为"按字母"。

② 插入第二张幻灯片，幻灯片版式为"空白"：

插入一个横排文本框，设置文字内容为"苹果的英文单词怎么写"，字体为"幼圆"，字号为"44"，文字下划线为"单线"。

③ 插入第三张幻灯片，幻灯片版式为"空白"：

插入一个横排文本框,设置文字内容为"答案是:APPLE",字号为"44",自定义动画为"浮出",增强动画文本为"按字母",速度为"快速"。

④ 设置全部幻灯片的切换为"显示"。

(3) 新建一个演示文稿完成以下操作。

① 在第一张新幻灯片中设置:

步骤一:设置主标题文字内容为"贺卡",字号为"60",字形为"加粗"。

步骤二:设置副标题文字内容为"生日快乐",超级链接为"下一张幻灯片"。

② 插入一张新幻灯片,版式为"空白",并完成以下设置:

插入自选图形,样式为"基本形状"的"太阳型",设置阴影效果为"透视-右上对角透视",自定义动画为"出现",动画声音设置为"鼓掌"。

③ 设置所有幻灯片的切换效果为"蜂巢"。

④ 设置所有幻灯片主题为"顶峰"。

单元 7
Access 数据库

Microsoft Office Access 是由微软发布的关系数据库管理系统，是 Microsoft Office 的系统程序之一。Microsoft Office Access 是微软把数据库引擎的图形用户界面和软件开发工具结合在一起的一个数据库管理系统。

Access 的用途体现在以下两个方面。

（1）用来进行数据分析：Access 有强大的数据处理、统计分析能力，利用 Access 的查询功能，可以方便地进行各类汇总、平均等工作，并可灵活设置统计的条件。

（2）用来开发软件：Access 用来开发软件，比如生产管理、销售管理、库存管理等各类企业管理软件。

实验 1 数据库的建立和维护

实验要求

熟练掌握建立数据库和表，以及掌握向数据库输入数据、修改数据和删除数据的操作方法。

实验内容

建立数据库并设计各表，输入多条实际数据，并实现数据的增、删、改操作。

教务处创建用于选课管理数据库，数据库名为 XKGL，包含学生的基本信息、课程信息和选课信息。数据库 XKGL 包含下列 3 个表：

（1）XS：学生信息表。

（2）KC：课程信息表。

（3）XK:学生选课表。

各表的结构分别如表 7-1、表 7-2 和表 7-3 所示。

表 7-1　学生信息表:XS

字段名称	数据类型	长度	是否允许为空值
学号	字符型	10	否
姓名	字符型	10	否
性别	字符型	2	否
出生日期	日期型	8	否
党员否	逻辑型	1	否
总分	整数型	—	是

表 7-2　课程信息表:KC

字段名称	数据类型	长度	是否允许为空值
课程号	字符型	3	否
课程名称	字符型	30	否
学分	整数型	—	是
课程类别	字符型	8	否

表 7-3　学生选课表:XK

字段名称	数据类型	长度	是否允许为空值
学号	字符型	10	否
课程号	字符型	3	否
专业	字符型	20	否
分数	整数型	—	是

实验步骤

1. 数据库和数据表的建立

步骤一:启动 Access 2016 后,选择"空白桌面数据库",单击图标开始创建空白桌面数据库,如图 7-1 所示。

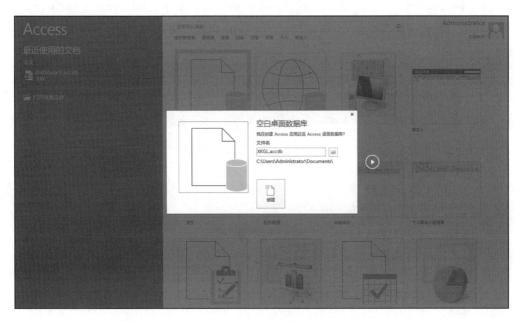

图 7-1　创建空白桌面数据库

　　在窗格的"文件名"文本框中,输入数据库文件名 XKGL,Access 2016 默认文件扩展名为.accdb。

　　单击"创建"按钮,完成空数据库的创建,并自动创建一个名为"表1"的数据表。

　　步骤二:单击菜单"创建",选择"表格"组中的"表",可添加数据表。

　　步骤三:选中"ID"字段,在"表格工具/字段"选项卡的"属性"组中,单击"名称和标题"按钮(),弹出"输入字段属性"对话框,在"名称"框中输入"学号",单击"确定",如图 7-2 所示。

图 7-2　"输入字段属性"对话框

191

步骤四：选中"学号"字段列，在"字段"选项卡的"格式"组中，单击"数据类型"下拉列表框右侧的箭头，从列表中选择"短文本"，在"属性"组的"字段大小"中输入"10"，如图 7-3 所示。

图 7-3　设置字段属性

步骤五：点击"单击以添加"列，从弹出的下拉列表中选择"文本"，Access 会自动产生新字段"字段 1"，将"字段 1"重新命名为"姓名"，在"属性"组的"字段大小"中输入"10"。

步骤六：重复上述步骤，按照"表 1 学生信息表"完成数据表结构的建立。根据字段内容，选择相应的数据类型，例如："出生日期"选择"日期/时间"，"党员否"选择"是/否"。如图 7-4 所示。

图 7-4　建立数据表结构

步骤七：单击快速访问工具栏左上角的"保存"按钮（🖫），在弹出的"另存为"对话框中输入表名：XS，单击"确定"。

步骤八：重复上述步骤，依次完成"表 1 课程信息表""表 2 学生选课表"的创建。

2. 表数据的添加

步骤一：在导航窗格中，选择"XS"表，打开"设计视图"，从第一条空记录的第一个字段开始，依次输入学号、姓名、性别等字段名称。在输入"出生日期"字段值时，系统会自动打开"日历"控件供我们选择。输入"党员否"字段值时，会出现复选框，鼠标单击打"√"表示逻辑值"是"。

步骤二：依次完成表 7-4、表 7-5 和表 7-6 数据的录入，并保存。

表 7-4 学生信息表:XS

学号	姓名	性别	出生日期	党员否	总分
10101	张华	男	2002/3/11	是	425
10203	刘利平	女	2004/1/15	—	478
10112	张琼	女	2001/9/12	是	498
10233	李小萍	女	2002/12/1	—	435
10205	黄志文	男	2003/5/12	—	457

表 7-5 课程信息表:KC

课程号	课程名称	课程类别
G1025	创新思维与创新能力	公共选修
G1008	中华诗词鉴赏	公共选修
B1021	军事理论	公共选修
G2014	园林花卉艺术	公共选修
G1003	中国地理地貌	公共选修

表 7-6 学生选课表:XK

学号	选课号	专业	分数
10101	G1025	计算机	75
10112	B1021	经济学	82
10205	G1014	市场营销	64
10203	G1003	经济学	55
10233	G1008	建筑学	90

3. 建立表间关联

步骤一:单击"数据库工具"选项卡,选择"关系"组中的"关系"按钮,打开"关系工具"选项卡的"显示表"对话框。

步骤二:在"显示表"对话框中双击 XS、XK 两个表,添加到"关系"窗口中,关闭。

步骤三:点击 XS 表中的"学号",按住鼠标左键拖动至 XK 表中的"学号"字段上,弹出"编辑关系"对话框,如图 7-5 所示。

如果选择"实施参照完整性"复选框,再选择"级联更新相关字段",可以在更改主表的主键值时,自动更新相关表中对应的数值;如果选择"实施参照完整性"复选框,再选择"级联删除相关记录",可以在删除主表中的记录时,自动删除相关表中的记录。

步骤四:选择"实施参照完整性"复选框,然后单击"创建"按钮。

步骤五:使用同样的方法,在建立 KC 表中的"课程号"与 XK 表中的"选课号"之间的关联,如图 7-6 所示。

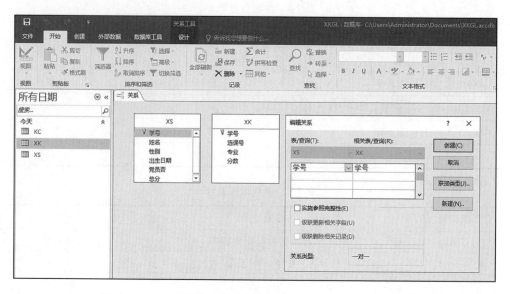

图 7-5　编辑表间关联

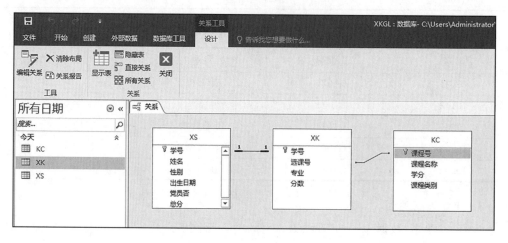

图 7-6　建立表间关联

4. 表数据的修改

步骤一：修改表结构：在左侧的导航窗口中选择要修改的表，单击"开始"选项卡"视图"组中的"设计"视图，可修改字段的名称、数据类型、说明、属性等，如图 7-7 所示。

步骤二：修改表数据：将光标移到要修改数据的相应字段直接修改即可。

5. 替换数据

选择相应的数据表，点击要修改的字段，在"开始"选项卡的"查找"组中，单击"替换"，打开"查找和替换"对话框，输入"查找内容"和"替换为"，即可完成一次性批量替换，如图 7-8 所示。

图 7-7 修改表结构

图 7-8 查找和替换

6. 排序：在 XK 表中按"专业"和"分数"两个字段升序排列

步骤一：用"数据表视图"打开 XK 表，依次选择用于排序的"专业"和"分数"的字段选定器。

步骤二：在"开始"选项卡的"排序和筛选"组中，单击"升序"按钮，完成排序。

7. 筛选：从 XK 表中筛选出 90 分以上的学生

步骤一：用"数据表视图"打开 XK 表，单击"分数"字段列。

步骤二：在"开始"选项卡的"排序和筛选"组中，单击"筛选器"按钮，在弹出的对话框中选择"数字筛选器"→"大于"，输入"90"，完成筛选。

实验 2　查询

查询是根据指定的条件,从 Access 数据库表或已建立的查询中,找出符合条件的记录,构成一个新的数据集合。

实验要求

掌握简单表的数据查询、数据排序和数据关联查询的操作方法。

实验内容

进行简单查询操作和关联查询操作。

实验步骤

1. 单表查询

查询 XS 表中,总分在"500 分以上"的"党员"学生信息,并显示姓名、出生日期和分数。

步骤一:点击菜单"创建""查询""查询设计",打开"显示表对话框",添加表 XS,关闭。

步骤二:依次添加"姓名""出生日期""党员否""总分"四个查询字段,其中"党员否"仅设置查询条件,并非显示字段。

步骤三:设置显示字段,分别在"姓名""出生日期""总分"三个字段"显示"行的复选框中打"√"。

步骤四:设置查询条件。在"总分"字段下面的"条件"行中输入">＝450",在"党员否"字段下面的"条件"行中输入"－1"(注:－1 表示逻辑真值,0 表示逻辑假值)。

步骤五:右键单击"查询 1"并保存查询,此时导航栏中会出现对应的"查询 1"表,如图 7-9 所示。

步骤六:在左边的导航窗中,双击查询,即可显示查询结果。

2. 创建可输入条件的查询

在 XK 表中,任意输入学生"学号",显示该学生所选课程和考试成绩。

步骤一:点击菜单"创建""查询""查询设计",打开"显示表对话框",添加表 XK,关闭。

步骤二:依次添加"学号""选课号""分数"三个查询字段,其中"学号"仅设置查询条件,并非显示字段。

步骤三:分别在"选课号""分数"两个字段"显示"行的复选框中打"√"。

步骤四:设置查询条件。在"学号"字段下面的"条件"行中输入"[请输入学生学号:]",方括号中的内容即为查询运行时出现的提示文本。

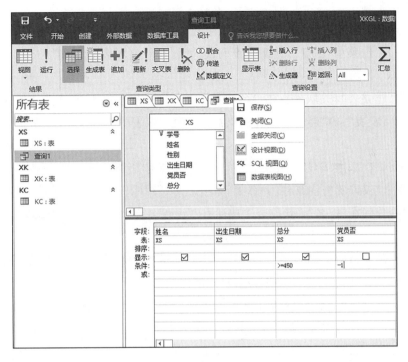

图 7-9 查询设计器

步骤五：保存查询，单击"查询设计"菜单下"结果"组中的"运行"按钮，屏幕上显示"输入参数值"对话框，在"请输入学生学号："文本框中输入学号，即可查询相应学生所选课程和考试成绩，如图 7-10 所示。

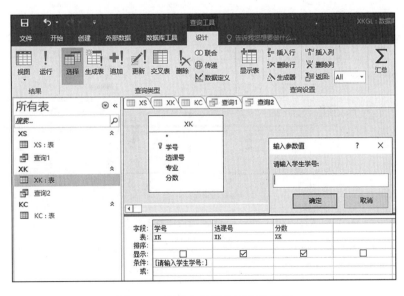

图 7-10 可输入条件的查询设计器

3. 多表查询

建立查询,任意输入学生学号,显示该生姓名、政治面貌、所选课程、考试成绩。

步骤一:点击菜单"创建""查询""查询设计",打开"显示表对话柜",依次添加表 XS、表 XK、表 KC,关闭。

步骤二:建立表间关联。点击 XS 表中的"学号",按住鼠标拖动至 XK 表中的"学号",再点击 XK 表中的"选课号",按住鼠标拖动至 KC 表中的"课程号",建立三个表间的关联。

步骤三:依次添加"学号""姓名""党员否""选课号""课程名称""分数"六个查询字段,其中"学号"仅设置查询条件,并非显示字段。

步骤四:分别在"姓名""党员否""选课号""课程名称""分数"五个字段"显示"行的复选框中打"√"。

步骤五:设置查询条件。在"学号"字段下面的"条件"行中输入"[请输入学生学号:]",方括号中的内容即为查询运行时出现的提示文本。

步骤六:保存查询,单击"查询设计"菜单下"结果"组中的"运行"按钮,屏幕上显示"输入参数值"对话框,在"请输入学生学号:"文本框中输入学号,即可查询相应学生所选课程和考试成绩,如图 7-11 所示。

图 7-11　创建多表关联查询

实验 3　窗体

窗体是 Access 数据库的重要对象之一,是应用程序与用户之间的接口,是创建数据库应用系统最基本的对象。通常有数据源的窗体中包括两类信息:一类是设计者在设计窗体时附加的一些提示信息;另一类是所处理表或查询的记录,往往与所处理记录的数据密切相关,当记录中的数据变化时,这些信息也随之变化。

实验要求

掌握窗体的设计方法,掌握常用控件的使用方法。

实验内容

基于多个数据源的窗体设计。

实验步骤

1. 创建基于多个数据源的窗体

使用"窗体向导"创建窗体,显示所有学生的学号、姓名、选课号、课程名称和分数。

步骤一:编辑表间关联。点击 XS 表中的"学号",按住鼠标拖动至 XK 表中的"学号",再点击 XK 表中的"选课号",按住鼠标拖动至 KC 表中的"课程号",建立三个表间的关联。

步骤二:单击"创建"菜单下的"窗体"组中的"窗体向导"按钮,打开"窗体向导"对话框。

步骤三:选择数据源。在"表/查询"下拉列表中,选择 XS 表,将"姓名""党员否"两个字段添加到"选定字段"列表中;使用同样的方法将 KC 表中的"课程名称"、XK 表中的"分数"字段添加到"选定字段"列表中,单击"下一步",如图 7-12 所示。

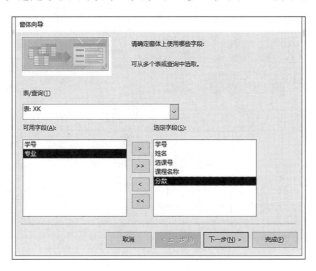

图 7-12　打开窗体向导功能进行字段选取

步骤四:确定查看数据的方式。选择"通过 KC"表查看数据方式,单击"带有子窗体的窗体"单选按钮→"下一步"。

步骤五:指定子窗体所用布局。单击"数据表"→"下一步"。

步骤六:单击"完成",创建的窗体如图 7-13 所示。

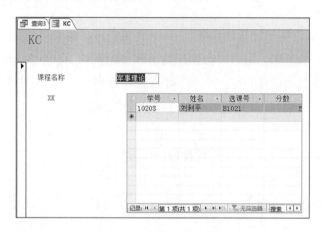

图 7-13　窗体创建结果

2. 创建选项卡控件

创建"学生统计信息"窗体,包含"学生信息统计"和"学生成绩统计"两部分。

步骤一:打开窗体"设计视图"。单击"选项卡控件"按钮( )，在窗体上单击要放置"选项卡"的位置,调整合适大小。单击"工具"组中的"属性表"按钮( )，打开"属性表"对话框。

步骤二:单击选项卡"页 1",单击"属性表"对话框中的"格式"选项卡,在"标题"属性行中输入"学生信息统计"。单击"页 2"重复上述方法设置"页 2"的"标题"属性,如图 7-14 所示。

图 7-14　窗体"页"格式属性设置

步骤三：在"设计"选项卡"控件"中，单击"列表框"按钮（▤↕），在窗体上单击要放置"列表框"的位置，打开"列表框向导"第一个对话框，选择"使用列表框查阅表或查询中的值"。

步骤四：单击"下一步"，打开"列表框向导"第二个对话框，在"视图"选项组中选择"表"，然后从列表中选择 XK 表。

步骤五：单击"下一步"，打开"列表框向导"第三个对话框，将"可用字段"列表中的相应字段移到"选定字段"列表框中。单击"下一步"，在"列表框向导"第四个对话框中选择"学号"作为关键词用于排序的字段。

步骤六：单击"下一步"，在"列表框向导"第五个对话框，列出了所有字段的列表。

步骤七：单击"下一步"，在打开的对话框中选择保存的字段。完成窗体设计。

步骤八：删除列表框的标签"学生编号"，并适当调整列表框大小。单击"属性表"对话框中的"格式"选项卡，在"列标题"属性行中选择"是"。

步骤九：切换到"窗体视图"，显示结果如图 7-15 所示。

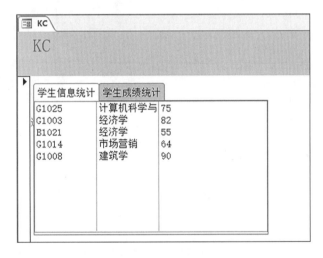

图 7-15　显示结果